城市

CHENGSHI
ZHONGDIYA PEIDIANWANG GONGCHENG
YANSHOU GUANLI

中低压配电网工程
验收管理

国网河南省电力公司郑州供电公司　组编

中国电力出版社
CHINA ELECTRIC POWER PRESS

内 容 提 要

为全面做好城市中低压配电网工程施工验收管理工作，规范验收各个环节的标准，国网郑州供电公司组织有关专家编写了《城市中低压配电网工程验收管理》。

本书分为 7 章，第 1 章为总则，第 2 章为 10kV 架空线路施工及验收标准，第 3 章为 10kV 电缆线路施工及验收标准，第 4 章为 10kV 配电设备施工及验收标准，第 5 章为 0.4kV 线路及配电设备施工及验收标准，第 6 章为配电继电保护施工及验收标准，第 7 章为配电自动化设备施工及验收标准。本书提供了 10kV 及以下中低压配电网典型的施工技术标准、施工验收标准、施工常用参考参数等。

本书适用于从事中低压配电网规划设计、施工验收和运维检修的人员阅读，电气设备制造厂商、配电网施工单位技术人员及大专院校师生亦可参考。

图书在版编目（CIP）数据

城市中低压配电网工程验收管理/国网河南省电力公司郑州供电公司组编. —北京：中国电力出版社，2018.11（2023.8重印）

ISBN 978-7-5198-1918-7

Ⅰ．①城…　Ⅱ．①国…　Ⅲ．①城市配电－配电系统－工程验收　Ⅳ．①TM727.2

中国版本图书馆 CIP 数据核字（2018）第 068864 号

出版发行：中国电力出版社
地　　　址：北京市东城区北京站西街 19 号（邮政编码 100005）
网　　　址：http://www.cepp.sgcc.com.cn
责任编辑：莫冰莹（010-63412526）
责任校对：黄　蓓　常燕昆
装帧设计：王英磊　张俊霞
责任印制：杨晓东

印　　　刷：北京天宇星印刷厂
版　　　次：2018 年 11 月第一版
印　　　次：2023 年 8 月北京第四次印刷
开　　　本：787 毫米×1092 毫米　16 开本
印　　　张：10
字　　　数：243 千字
定　　　价：45.00 元

编　委　会

前　言

　　中低压配电网是电网系统连接用户的最末端，中低压配电网的安全、持续运行是用户可靠用电的保障，把控好中低压配电网施工的验收管理是保障电网系统安全稳定的关键环节。要想全面做好电力配电网的施工管理工作，必须围绕施工技术管理、施工安全管理、施工质量管理、施工人员管理进行配电网施工管控。配电网由电缆线路、架空线路、开关站、配电室及箱式变电站等众多设备设施构成，在保证配电网施工质量的同时，制定完善的验收标准，严格执行相关施工标准及操作规范，才能在设备接入电网后切实保障电网系统安全持续供电、居民安全可靠用电。

　　随着郑州的飞速发展，作为基础设施的电网建设也要与之匹配，国网郑州供电公司立足于郑州市"中部地区重要的中心城市、国家重要的综合交通枢纽、中原经济区核心城市"的定位，参照国家行业相关标准，结合郑州地区规划、市政环境及相关技术要求，编制了《城市中低压配电网工程验收管理》。本书贯穿了配电网工程验收管理的全过程，完善了架空线路、电缆线路、配电设备、低压线路及配电设备、继电保护、自动化设备等方面的验收标准，实现了技术管理的规范化、标准化和集约化，以适应配电网快速发展的新要求。

　　本书共分为7章，内容涵盖了10kV架空线路、10kV电缆线路、10kV配电设备、0.4kV线路及配电设备、配电继电保护、配电自动化设备的施工及验收标准，为从事配电网规划、设计、施工、运维、检修、验收的人员提供了理论标准和实践依据，还提供了大量丰富的数据资料。

　　由于编写时间及水平有限，书中难免存在不足之处，希望广大读者批评指正。

目　录

前言

第1章　总则 ………………………………………………………………………… 1
　1.1　10kV中低压配电网工程管理概述 ………………………………………… 1
　1.2　范围 …………………………………………………………………………… 4
　1.3　引用标准 ……………………………………………………………………… 4
　1.4　术语和定义 …………………………………………………………………… 6
第2章　10kV架空线路施工及验收标准 ………………………………………… 11
　2.1　勘测定位 ……………………………………………………………………… 11
　2.2　线路器材检验 ………………………………………………………………… 11
　2.3　电杆基坑 ……………………………………………………………………… 13
　2.4　杆塔组装 ……………………………………………………………………… 15
　2.5　杆顶支架、横担组装 ………………………………………………………… 16
　2.6　拉线安装 ……………………………………………………………………… 19
　2.7　架空裸导线线路架设 ………………………………………………………… 21
　2.8　架空绝缘线路导线架设 ……………………………………………………… 24
　2.9　线路上电气设备的安装 ……………………………………………………… 29
　2.10　对地距离及交叉跨越 ……………………………………………………… 30
　2.11　防雷与接地 ………………………………………………………………… 33
　2.12　工程交接验收 ……………………………………………………………… 34
第3章　10kV电缆线路施工及验收标准 ………………………………………… 36
　3.1　一般要求 ……………………………………………………………………… 36
　3.2　电缆及其附件的运输与保管 ………………………………………………… 36
　3.3　电缆线路附属设施和构筑物的施工 ………………………………………… 37
　3.4　电缆的敷设 …………………………………………………………………… 41
　3.5　电缆沟及隧道敷设 …………………………………………………………… 45
　3.6　电缆附件的安装 ……………………………………………………………… 48
　3.7　电缆工程的验收 ……………………………………………………………… 50
第4章　10kV配电设备施工及验收标准 ………………………………………… 51
　4.1　基本原则 ……………………………………………………………………… 51
　4.2　一般规定 ……………………………………………………………………… 51

　　4.3　配电变压器 ……………………………………………………………… 53

　　4.4　配电室的验收 ………………………………………………………… 54

　　4.5　箱式变电站 …………………………………………………………… 67

　　4.6　环网柜及电缆分支箱 ………………………………………………… 68

　　4.7　电缆线路施工及验收 ………………………………………………… 71

　　4.8　接地装置 ……………………………………………………………… 79

　　4.9　配电设备的标志要求 ………………………………………………… 82

第5章　0.4kV 线路及配电设备施工及验收标准 ……………………………… 84

　　5.1　380V/220V 配电线路 ………………………………………………… 84

　　5.2　380V/220V 架空线路 ………………………………………………… 84

　　5.3　380V/220V 电缆线路 ………………………………………………… 98

　　5.4　380V/220V 电力设备 ……………………………………………… 108

　　5.5　分布式电源接入、电动车接入部分 ………………………………… 117

第6章　配电继电保护施工及验收标准 ……………………………………… 118

　　6.1　总则 ………………………………………………………………… 118

　　6.2　验收管理要求 ……………………………………………………… 118

　　6.3　配电工程问题处理 ………………………………………………… 119

　　6.4　图纸资料、试验报告及备品备件验收 …………………………… 119

　　6.5　安装规范与工艺验收 ……………………………………………… 119

　　6.6　二次回路验收 ……………………………………………………… 124

　　6.7　继电保护及相关装置验收 ………………………………………… 127

　　6.8　传动试验 …………………………………………………………… 128

　　6.9　投运前检查 ………………………………………………………… 128

第7章　配电自动化设备施工及验收标准 …………………………………… 129

　　7.1　验收原则 …………………………………………………………… 129

　　7.2　验收依据 …………………………………………………………… 129

　　7.3　工厂验收 …………………………………………………………… 129

附录A　10kV 架空网典型接线方式定义 …………………………………… 133

附录B　10kV 电缆网典型接线方式定义 …………………………………… 134

附录C　验收测试大纲编制模板 …………………………………………… 136

附录D　验收流程图 ………………………………………………………… 142

附录E　验收测试记录格式 ………………………………………………… 144

附录F　偏差、缺陷索引表及偏差、缺陷记录报告 ……………………… 145

第1章 总 则

1.1 10kV 中低压配电网工程管理概述

当前国民经济快速发展，我国逐步升级与加强配电网建设，10kV 配电网结构日趋成熟，规模日益庞大。为了提高配电网施工管理质量，必须采取有效技术措施，对施工技术、施工安全、施工质量和施工人员等方面展开管控。

1.1.1 电力 10kV 配电网工程施工管理的特点

配电网工程存在工作点多、面广、战线长等特点，是一项涉及专业工种较多的复杂系统建设工程，其施工现场管理水平的高低，直接影响工程能否高效优质的建设开展。电力 10kV 配电网工程施工管理具有资金密集、技术密集、资源密集、专业众多、相互交叉等特点，同时还要受工程设计、设备制造、设备和材料的采购运输等其他工程外部因素的影响。

1.1.2 电力工程中施工管理的内容

1.1.2.1 施工技术管理

技术资料是施工情况的真实反映，是评定工程质量的主要依据，也是工程技术档案的主要内容；另外，技术资料同时也是工程交付后，在维修与扩建、改建以及管理方面的重要技术依据。因此施工企业务必要加强施工过程中技术资料的收集管理。在施工过程中，施工企业应当严格按照相关施工规范、规程所规定的标准来要求和衡量工程的质量，以确保工程质量。

1.1.2.2 施工安全管理

施工过程中应当重视安全管理、加强安全管理。首先，施工现场应将工程的主要部位、主要结构和隐蔽工程纳入重点管理内容，对其工程质量进行全面、全过程检查。其次，施工现场管理应当加强对现场建筑材料、施工工艺、技术措施、操作规程等方面的检查，同时还须做到安全、文明、环保施工。

1.1.2.3 工程施工全过程的动态监督管理

在建设施工前，施工管理人员应结合各类数据资料，将工程施工建设中的重点部位、重点结构以及隐蔽工程等纳入重点监督管理项目中，对工程施工建设质量实行全面、全过程、全方位的动态监督管理，切实做好配电网的施工管理、监督工作。

1.1.3 电力 10kV 配电网施工管理工作的重要性

在进行配电网施工时，采取一切有效措施加强施工技术、施工安全、施工质量和施工人员等方面的管控，是保障配电网施工水平的基本途径。由于 10kV 配电网工程一般面临的施工条件较为复杂，工程容易遭受多种因素的影响，因此必须加强现场施工安全、施工技术、施工工艺管控，保障整体工程的施工质量水平。此外，为了不断提高配电网的施工水平，必须加强对新技术、新工艺、新材料等方面的研发、管理，加强审核、把关。

在技术层面实行强化管理是保障施工质量及人身安全的主要管理部分，对工程施工前期、中期、后期都要实行全程管理，切实做好事前把关、事中控制、事后检测工作，全面保障电网的施工水平，充分发挥配电网的经济效益及社会效益。

1.1.4　配电网工程施工管理措施分析

1.1.4.1　加强配电网工程前期施工技术方案审核

加强工程施工中对设计方案履行状况的监督及管理，并且能够合理地面对实际情况实行优化及整改；管理中提倡组织合理化，提升方案的履行效率，加大工程进展程度；把安全工作放到全部技术管理工作的前面来做，不论采取任何措施都要保障其安全性，提升工程技术管理工作的事前控制能力；强化同成本控制相结合，也就是不管任何技术措施的选取与实行都要保障预算目标的实行，尽量防止因技术工艺导致成本浪费或工期延误。

1.1.4.2　落实好工程施工技术交底工作

施工技术交底是施工工序的重要环节，是过程控制的重要手段，更是保证电气工程项目的安全和质量的基础环节，必须坚决执行。在进行电力工程施工技术交底工作时，各级技术负责人负责监督、检查下级技术交底，并监督、检查施工人员的执行情况，确保施工人员按技术交底进行施工，在没有进行技术交底的情况下坚决不准动工。

1.1.4.3　加强施工技术的监管

在管理过程中监管是工程质量的有力保障。一般来说，电力 10kV 配电网工程的施工都是分阶段的，并且每个阶段施工完成之后就进行质量检测，因此对质量检测过程的监管必不可少。质量监管要按照严格的流程执行，在检测过程中不能因为方便省事而省去必要的检测环节，尤其是关于安全方面的检测必须严格按照标准执行，因为关系到施工人员的安全问题。除此之外，当发现工程质量不合理时，应采取必要的补救措施，但要建立在使工程造价在可控制范围之内的情况下，否则会使造价增加。补救措施应尽可能简单，但同时要保证工程质量得到修复。

1.1.5　严格做好配电网施工安全管理

目前，很多施工企业的作业人员技能和综合素质水平参差不齐，安全管理和教育培训较为滞后，加上配电线路工程施工作业环境较为恶劣，安全形势十分严峻，因此必须加强配电网施工安全管理，具体的措施如下。

1.1.5.1　合理构架配电网网络结构

在进入 10kV 配电网施工时，施工前要对施工范围内的整个线路实行检查，针对具有较大问题的线路实行整改，而后再实行施工，这样能够保障施工的安全及将来供电需求的安全。

1.1.5.2　制定维护计划，实施先进技术

管理部门要结合本地实际情况，建构出一整套可行的配电线路维护计划，以便进行日常维护工作时能够有据可查。在 10kV 配电网工程建设中，要尽力选取质量优秀的电气设备，并且强化对断路器的利用，以便缩短维修时间，保障电力设备的可靠运用。

1.1.5.3　建立安全管理队伍，做好现场施工安全管控工作

通过组织一支施工安全检查队伍，加强对工程安全的检查和工程质量的评定，并由安全检查队伍的工作人员严格做好日常安全防范及检查工作。施工单位在开展电网施工时，必须保证在全过程都认真贯彻执行国家有关安全、质量的方针政策和各项技术标准、施工规范和技术规程、各项管理制度和管理方法。施工负责人应当首要强调安全第一、预防为主的原则，提高施工工作人员的施工安全意识，尤其要注重防范自身人身安全。此外，大部分施工单位为了提高经济效益，会在施工过程中不断提高效率，以便缩短工期，从而促使其经济效益最大化，因此，施工人员应当加大力度进行施工安全管理，避免由于赶工期而发生意外。

1.1.5.4　健全工程现场监督检查机制

通过建立规范有效的现场监督检查机制，加强现场施工安全监督、审核。每一建设工程项目都应由企业法定代表人和下属单位、项目的负责人签订责任明确的安全生产责任状。每一项建设工程开工前，均应有针对性地制定该工程的安全施工管理方案，并经企业安全管理部门批准，在落实安全防范措施后方可施工。工程施工前，技术人员应当对有关安全施工的技术要求向施工班组、一线作业人员做出详细说明，保证安全施工。

1.1.6　加强施工现场环境管理

配电网工程施工建设过程中，容易受到外界环境因素的影响，尤其是配电线路较长，其跨越地区过多、地质条件较为复杂，会涉及土地占用、青苗踩踏、林业砍伐等赔偿问题。若上述问题在施工建设过程中不能很好的协调处理，就会直接影响现场施工进度，轻者导致施工耽搁，严重者会导致工程长时间延期，进而影响整个工程施工建设的质量和成本控制。因此，做好施工现场环境管理工作，能有效提高工程施工建设效率和质量水平。

1.1.7　配电网施工质量管理

在 10kV 配电网施工过程中，为了保证配电网的质量，要创建和完善配电网施工过程中的管理制度。完善的工程管理制度才能够保证施工过程中行为的规范，从而保证工程的质量。在进行配电网施工时，要提前制定一套完整的管理计划，完善各项施工手续，监理工程师要认真做好准备工作，监督施工单位做好施工组织设计编制工作、施工组织步骤，这样可以保证每一个环节的质量，当出现质量问题时，能够更容易、更快速地找到原因，并制定相应的措施解决问题。不断完善的管理制度，可以大大提高配电网施工过程中的质量。

1.1.8　提高工程参建人员的业务素质

建设单位应把加强工程规范管理、提高人员素质作为强化 10kV 配电网工程质量管理的重要举措，着重组织各 10kV 配电网工程参建人员，特别是工程管理人员集中学习工程管理制度、工作标准和业务流程，不断提升工程管理的规范化水平，切实加强管理人员的素质，提高管理水平，同时也要加强技术人员的素质，提高其专业水平，这是改进管理水平的基础；并且不断地吸收国内外的先进管理经验，提高自身的工程建设水平，采取互相交流的手段来实现人员水平的提高，促进人才的发展。

为了不断提高施工技术人员、管理人员的专业化素质水平，施工单位应通过定期培训的方式，加强对技术人员、管理人员的业务知识与管理知识、相关施工法律法规及必要的经济

知识学习；还可以利用国内外工程建设的实践锻炼机会，聘请相应高专业化技术的国外专家或调派人员出国培训、学习、借鉴国外的先进施工技术与管理经验，通过相互交流的方式来提高施工技术人员与管理人员的专业化水平，从而不断提高电力工程的建设质量。

要想全面做好电力 10kV 配电网工程的施工管理工作，就必须围绕施工技术管理、施工安全管理、施工质量管理、施工人员管理进行配电网施工管控。在保证施工质量的同时，有效地提高施工效率，真正保障电网施工项目的质量符合相关施工标准及操作规范，切实保障居民的安全用电与正常用电。

1.2 范　　围

国网郑州供电公司提出了为构建配电网建设发展管理的长效机制，公司立足现实、着眼长远，优化各种资源配置，明确配电网的发展方向与目标，建设一个结构坚强、设备可靠、管理先进、运转高效的首都配电网。同时提出落实"五统一"的技术标准：统一规划标准、统一设计标准、统一设备标准、统一施工验收标准、统一运行和检修标准。切实深入推行配电网统一施工和验收标准，是贯彻落实"五统一"要求的重要组成部分之一，是建设坚强电网，防止设备带病运行的重要前提和保障。

为统一规范中低压配电网工程的安装验收标准，保证中低压配电网工程的安装质量，提高中低压配电线路设备安全、可靠的运行水平，围绕如何提高中低压配电网工程安装工作的施工质量，促进施工技术水平的提高做了详细规定，并对中低压配电网工程的验收制订规范。规定了配电网工程施工的器材检验，规定了配电网电力架空线、电缆、单体设备等在存储、运输以及附属设施和构筑物的施工、电缆施工、附件安装过程中应注意的技术要求和安全事项，规定了线路、电缆、开关站、配电室、环网柜及箱式变电站等施工及验收工作的工艺要求和工作流程，规定了工程的验收规则。

本书所列标准适用于新建或改造的额定电压 10kV 及以下中低压配电网工程施工及验收工作，用于指导各供电公司对配电网工程的施工过程的监督管理，用于指导配电运行人员对线路、开关站、配电室、环网柜及箱式变电站的验收工作。

1.3 引 用 标 准

本书引入以下国家、部委、行业及企业的有关规范、规程编制：

GB/T 156　标准电压

GB/T 772　高压绝缘子瓷件　技术条件

GB 4208　外壳防护等级（IP 代码）

GB/T 4623　环形混凝土电杆

GB/T 5013.1～GB/T 5013.8　额定电压 450/750V 及以下橡皮绝缘电缆

GB/T 5023.1～GB/T 5023.7　额定电压 450V/750V 及以下聚氯乙烯绝缘电缆

GB/T 9330.1～GB/T 9330.3　塑料绝缘控制电缆

GB/T 12325　电能质量　供电电压允许偏差

GB/T 12326　电能质量　电压波动和闪变

GB/T 12527　额定电压 1kV 及以下架空绝缘电缆

GB/T 12706.1～GB/T 12706.4　额定电压 1kV（U_m=1.2kV）到 35kV（U_m=40.5kV）挤包绝缘电力电缆及附件

GB/T 13729　远动终端设备

GB/T 13730　地区电网调度自动化系统

GB/T 13912　金属覆盖层　钢铁制件热浸镀锌层　技术要求及试验方法

GB/T 14048.1～GB/T 14048.12　低压开关设备和控制设备

GB/T 14049　额定电压 10kV 架空绝缘电缆

GB/T 14285　继电保护和安全自动装置技术规程

GB/T 14549　电能质量　公用电网谐波

GB/T 15543　电能质量　三相电压不平衡

GB 17625.1　电磁兼容限值谐波电流发射限值 C 设备每相输入电流≤（6A）

GB 50016　建筑设计防火规范

GB 50052　供配电系统设计规范

GB 50053　20kV 及以下变电所设计规范

GB 50059　35～110kV 变电站设计规范

GB 50061　66kV 及以下架空电力线路设计规范

GB/T 50065　交流电气装置的接地设计规范

GB 50150　电气装置安装工程　电气设备交接试验标准

GB 50168　电气装置安装工程　电缆线路施工及验收规范

GB 50173　电气装置安装工程　35kV 及以下架空电力线路施工及验收规范

GB 50217　电力工程电缆设计规范

DL/T 401　高压电缆选用导则

DL/T 516　电力调度自动化系统运行管理规程

DL/T 550　地区电网调度控制系统技术规范

DL/T 579　开关设备用接线座订货技术条件

DL/T 596　电力设备预防性试验规程

DL/T 599　中低压配电网改造技术导则

DL/T 602　架空绝缘配电线路施工及验收规程

DL/T 620　交流电气装置的过电压保护和绝缘配合

DL/T 634.5101　远动设备及系统　第 5101 部分：传输规约　基本远动任务配套标准

DL/T 721　配电网自动化远方终端

DL/T 728　气体绝缘金属封闭开关设备选用导则

DL/T 741　架空输电线路运行规程

DL/T 765.3　额定电压 10kV 及以下架空绝缘导线金具

DL/T 790　采用配电线载波的配电自动化

DL/T 802.2　电力电缆用导管技术条件　第 2 部分：玻璃纤维增强塑料电缆导管

DL/T 814　配电自动化系统技术规范

DL/T 836.1　供电系统用户供电可靠性评价规程　第 1 部分：通用要求

DL/T 866　电流互感器和电压互感器选择及计算规程

DL/T 890　能量管理系统应用程序接口

DL/T 969　变电站运行导则

DL/T 995　继电保护和电网安全自动装置检验规程

DL/T 1080　电力企业应用集成配电管理的系统接口

DL/T 5136　火力发电厂、变电站二次接线设计技术规程

DL/T 5161.1～DL/T 5161.17　电气装置安装工程　质量检验及评定规程

DL/T 5220　10kV 及以下架空配电线路设计技术规程

DL/T 5221　城市电力电缆线路设计技术规定

IEC 60502-1～IEC 60502-4 额定电压 1kV（U_m=1.2kV）至 30kV（U_m=36kV）挤包绝缘电力电缆及其附件

Q/GDW 156　城市电力网规划设计导则

Q/GDW 168　输变电设备状态检修试验规程

Q/GDW 212　电力系统无功补偿配置技术原则

Q/GDW 370　城市配电网技术导则

Q/GDW 371　10（6）kV～500kV 电缆线路技术标准

Q/GDW 382　配电自动化技术导则

Q/GDW 455　电缆线路状态检修导则

Q/GDW 456　电缆线路状态评价导则

Q/GDW 513　配电自动化主站系统功能规范

Q/GDW 514　配电自动化终端/子站功能规范

Q/GDW 567　配电自动化系统验收技术规范

Q/GDW 625　配电自动化建设与改造标准化设计技术规定

Q/GDW 626　配电自动化系统运行维护管理规范

Q/GDW 639　配电自动化终端设备检测规程

Q/GDW 741　配电网技术改造选型和配置原则

Q/GDW 742　配电网施工检修工艺规范

Q/GDW 743　配电网技改大修技术规范

Q/GDW 744　配电网技改大修项目交接验收技术规范

1.4　术语和定义

配电网　distribution network

从输电网或地区发电厂接受电能，并通过配电设施就地或逐级配送给各类用户的电力网络。指的配电网包括中压配电网和低压配电网。配电网主要由相关电压等级的架空线路、电缆线路、变电站、开关站、配电室、箱式变电站、柱上变压器、环网单元等组成。

市区　urban district

城市的建成区及规划区。一般指直辖市和地级市以"区"建制命名的地区。其中，直辖市的远郊区（即由县改区的）仅包括区政府所在地、经济开发区、工业园区范围。

市中心区　down town

指市区内人口密集以及行政、经济、商业、交通集中的地区。

中压开关站　MV switching station

设有中压配电进出线、对功率进行再分配的配电装置。相当于变电站母线的延伸，可用于解决变电站进出线间隔有限或进出线走廊受限，并在区域中起到电源支撑的作用。中压开关站内必要时可附设配电变压器。

配电室　distribution room

主要为低压用户配送电能，设有中压进线（可有少量出线）、配电变压器和低压配电装置，带有低压负荷的户内配电场所。

环网单元　ring main unit

也称环网柜或开闭器，用于中压电缆线路分段、联络及分接负荷。按使用场所可分为户内环网单元和户外环网单元；按结构可分为整体式和间隔式。户外环网单元安装于箱体中时也称开闭器。

箱式变电站　cabinet/pad-mounted distribution substation

也称预装式变电站或组合式变电站，指中压开关、配电变压器、低压出线开关、无功补偿装置和计量装置等设备共同安装于一个封闭箱体内的户外配电装置。

电缆分支箱　cable branch box

完成配电系统中电缆线路的汇集和分接功能，但一般不配置开关，不具备控制、测量等二次辅助配置的专用电气连接设备。

　　注：电缆分接箱常用于城市环网供电和（或）辐射供电系统中分配电能和（或）终端供电。一般直接安装在户外，有时也安装在户内。

状态　condition

指对设备当前各种技术性能与运行环境综合评价结果的体现。设备状态分为正常状态、注意状态、异常状态和严重状态四种类型。

供电可靠性　reliability of power supply

配电网向用户持续供电的能力。

双电源　double power

分别来自两个不同变电站，或来自不同电源进线的同一变电站内两段母线，为同一用户负荷供电的两路供电电源。

双回路　double circuit

指为同一用户负荷供电的两回供电线路。

10kV 主干线　10kV trunk line

由变电站或开关站馈出、承担主要电能传输与分配功能的 10kV 架空或电缆线路的主干部分，具备联络功能的线路段是主干线的一部分。主干线包括架空导线、电缆、开关等设备，设备额定容量应匹配。

10kV 分支线　10kV branch line

由 10kV 主干线引出的，除主干线以外的 10kV 线路部分。

10kV 架空（架空电缆混合）线路　10kV overhead（overhead and cable mixed）line

主干线为架空线或混有部分电力电缆的 10kV 架空线路。

供电半径　power supply radius

变电站供电半径指变电站供电范围的几何中心到边界的平均值。10kV 及以下线路的供电半径指从变电站（配电变压器）低压侧出线到其供电的最远负荷点之间的线路长度。

电缆系统　cable system

由电缆和安装在电缆上的附件构成。

电缆线路　power cable line

指由电缆、附件、附属设备及附属设施所组成的整个系统。

附属设备　auxiliary equipments

与电缆系统一起形成完整电缆线路的附属装置与部件。包括油路系统、交叉互联系统、接地系统、监控系统等。

附属设施　auxiliary facilities

与电缆系统一起形成完整电缆线路的土建设施。主要包括电缆隧道、电缆竖井、排管、工井、电缆沟、电缆桥、电缆终端站等。

电缆（本体）　cable

指电缆线路中除去电缆接头和终端等附件以外的电缆线段部分。

注：有时电缆也泛指电缆线路，即由电缆本体和安装好的附件所组成的电缆系统。

金属套　metallic sheath

均匀连续密封的金属管状包覆层。

注：通常由铅护套或铝护套组成。

铠装层　armour

由金属带或金属丝组成的包覆层，通常用来保护电缆不受外界的机械力作用。

注：金属带起径向加强保护作用、金属丝起纵向加强保护作用。

（电缆）终端　termination

安装在电缆末端，以使电缆与其他电气设备或架空输电线相连接，并维持绝缘直至连接点的装置。

（电缆）接头　joint

连接电缆与电缆的导体、绝缘、屏蔽层和保护层，以使电缆线路连续的装置。

（电缆）附件　cable accessories

终端、接头等电缆线路的组成部件的统称。

电缆支架　cable bearer

电缆敷设就位后，用于支持和固定电缆的装置的统称，包括普通支架和桥架。

电缆桥架　cable tray

由托盘（托槽）或梯架的直线段、非直线段、附件及支吊架等组合构成，用以支撑电缆具有连续的刚性结构系统。

电缆导管　cable ducts，cable conduits

电缆本体敷设于其内部受到保护和在电缆发生故障后便于将电缆拉出更换用的管子。有单管和排管等结构形式，也称为电缆管。

电缆保护管　cable protection pipe

安装在电缆接头外部，防止电缆接头故障时伤及其他电缆的管子。

电缆的架空敷设　the overhead of the cable laying

电缆固定在建筑物支架或电杆上的敷设方式。

电缆护层过电压限制器　shield overvoltage limiter

串接在电缆金属屏蔽（金属套）和大地之间，用来限制在系统暂态过程中金属屏蔽层电压的装置。

回流线　return line

单芯电缆金属屏蔽（金属套）单点互联接地时，为抑制单相接地故障电流形成的磁场对外界的影响和降低金属屏蔽（金属套）上的感应电压，沿电缆线路敷设的一根阻抗较低的接地线。

电缆线路技术资料　cable circuit technical records

有关电缆线路建设、验收和运行的全部文件和资料。通常包括原始资料、施工资料、验收资料、运行资料和维护检修资料等。

配电自动化　distribution automation

以一次网架和设备为基础，以配电自动化系统为核心，综合利用多种通信方式，实现对配电系统的监测与控制，并通过与相关应用系统的信息集成，实现配电系统的科学管理。

配电自动化系统　distribution automation system

实现配电网的运行监视和控制的自动化系统，具备配电 SCADA（supervisory control and data acquisition）、馈线自动化、电网分析应用及与相关应用系统互连等功能，主要由配电主站、配电终端、配电子站（可选）和通信通道等部分组成。

配电　SCADA　distribution SCADA

也称 DSCADA，指通过人机交互，实现配电网的运行监视和远方控制，为配电网的生产指挥和调度提供服务。

配电主站　master station of distribution automation system

是配电自动化系统的核心部分，主要实现配电网数据采集与监控等基本功能和电网分析应用等扩展功能。

配电终端　remote terminal unit of distribution automation system

安装于中压配电网现场的各种远方监测、控制单元的总称，主要包括配电开关监控终端（feeder terminal unit，FTU，即馈线终端）、配电变压器监测终端（transformer terminal unit，TTU）、开关站、公用及用户配电所的监控终端（distribution terminal unit，DTU，即站所终端）等。

配电子站　slave station of distribution automation system

为优化系统结构层次、提高信息传输效率、便于配电通信系统组网而设置的中间层，实现所辖范围内的信息汇集、处理或故障处理、通信监视等功能。

馈线自动化　feeder automation

利用自动化装置或系统，监视配电线路的运行状况，及时发现线路故障，迅速诊断出故障区间并将故障区间隔离，快速恢复对非故障区间的供电。

配电自动化工厂验收　factory acceptance test，FAT

指配电主站、配电终端/子站、配电通信设备或系统出厂前由验收方组织的验收检验，在工厂模拟测试环境下测试是否满足项目合同、联络会纪要等技术文件的具体要求。

现场验收　site acceptance test，SAT

指配电自动化系统在现场安装调试完成，并达到现场试运行条件后所进行的验收。

缺陷　defect

指在验收测试过程中发现的不满足合同、联络会纪要等技术文件或相关技术规范所列基本功能和主要性能指标、影响系统稳定运行的差异。

偏差　deviation

指在验收测试过程中发现的不满足合同、联络会纪要等技术文件、相关技术规范所列的具体功能和性能指标、不影响系统稳定运行、可通过简易修改补充得以纠正的差异。

黑盒测试　black-box testing

也称功能测试，通过测试来检测每个功能是否都能正常使用。在测试中，把程序看作一个不能打开的黑盒子，在完全不考虑程序内部结构和内部特性的情况下，在程序接口进行测试，它只检查程序功能是否按照需求规格说明书的规定正常使用，程序是否能适当地接收输入数据而产生正确的输出信息。黑盒测试着眼于程序外部结构，不考虑内部逻辑结构，主要针对软件界面和软件功能进行测试。

综合管廊　utility tunnel

建于城市地下用于容纳两类及以上城市工程管线的构筑物及附属设施。

第2章 10kV 架空线路施工及验收标准

2.1 勘 测 定 位

2.1.1 路径和杆位的确定原则

2.1.1.1 要综合考虑便于线路施工、便于运行维护、便于巡视、利于发展等因素。

2.1.1.2 要尽量少占农田、靠近道路，避开树林、果林、防护林，并满足城市发展规划的要求。

2.1.1.3 应尽量避开洼地、冲刷地带、沙丘地带及易被车辆碰撞之处。

2.1.1.4 应尽量避开有易燃、易爆物、产生有害气体的地带及污秽场所。

2.1.1.5 应尽量减少同道路、河流、沟壑、电力线路及弱电线路的交叉。

2.1.2 线路档距及土沟（台）规定

2.1.2.1 架空配电线路的档距，在城市规划区（建成区）内一般采用 40～50m，在非建成区一般采用 50～60m，特殊情况下可以适当放宽。

2.1.2.2 为了减少线路的不平衡张力，耐张段一般不超过 1km，线路的档距要尽量平均。

2.1.2.3 在城市规划区内，新建和改造线路的路径应有规划部门的正式批准手续。

2.1.2.4 架空配电线路跨越河流、土沟（台）时，电杆离土沟（台）边的距离最少为土沟（台）高差的 1.5 倍。当高差超过 5m 时，距离不小于 8m。在有可能被水冲或塌方的地方，应采取防冲加固措施。

2.2 线 路 器 材 检 验

2.2.1 线路通用要求

2.2.1.1 架空配电线路所用的器材（以下简称线路器材）应符合现行的国家标准，无国家标准时应符合现行行业标准。

2.2.1.2 尚无正式标准的新型线路器材，应经有关部门鉴定合格后方可采用。

2.2.1.3 线路器材应有出厂试验报告、产品合格证。

2.2.1.4 线路器材安装前应进行下列检查：

a）线路器材外观是否整洁、光滑，有无损坏、变形。

b）线路器材型号、规格是否正确。

c）线路器材技术文件是否齐全。

2.2.1.5 发现线路器材有下列情况之一者应重新做试验或更换：

a）线路器材表面粗糙。

b）线路器材超过规定保管期限。

c）线路器材受到损伤或变形。

d）对线路器材质量有怀疑。

2.2.2 架空绝缘线

2.2.2.1 中压架空绝缘导线必须符合 GB/T 14049 的规定，低压架空绝缘导线必须符合 GB/T 12527 的规定。

2.2.2.2 安装架空绝缘导线前应先进行外观检查，且符合下列要求：

a）导体紧压，无腐蚀。

b）绝缘线端部应有密封措施。

c）绝缘层紧密，表面平整圆滑、色泽均匀，无尖角、鼓包、颗粒、烧焦等痕迹。

d）导线截面面积和绝缘层厚度应符合设计规定要求。

2.2.3 金具及绝缘部件

2.2.3.1 金具及绝缘部件应符合 DL/T 765.3、GB/T 14049 的规定。

2.2.3.2 安装金具前应进行外观检查，且符合下列要求：

a）架空配电线路所使用的金具一律要求热镀锌，并镀锌良好。不得有漏镀、锈蚀或镀层脱落的现象，镀层的厚度应符合规定要求。

b）表面光洁，无裂纹、毛刺、飞边、砂眼、气泡等缺陷。

c）线夹转动灵活，与导线接触的表面光洁，螺杆与螺母配合紧密适当。悬垂线夹以回转轴为中心，应能自由转动 45°以上。

d）绝缘包带应表面平整，色泽均匀。

e）绝缘护罩应色泽均匀、平整光滑，无裂纹、毛刺、锐边，关合紧密。

2.2.4 绝缘子

2.2.4.1 线路的绝缘瓷件安装前应进行外观检查，绝缘子应符合 GB/T 772 的规定。

2.2.4.2 安装绝缘子前应进行外观检查，且符合下列要求：

a）绝缘子的瓷件与铁件结合紧密，严禁使用硫磺浇灌的绝缘子。

b）铁件镀锌良好，螺杆与螺母配合紧密。

c）瓷件表面光滑、洁净，无裂纹、缺釉、斑点、烧痕和气泡等缺陷。

d）复合绝缘子硅橡胶与铁件结合紧密。

2.2.5 钢筋混凝土电杆

2.2.5.1 组立钢筋混凝土电杆前应进行外观检查，并符合 GB/T 4623 的规定。

2.2.5.2 表面光洁平整，壁厚均匀，无偏心、露筋、跑浆、蜂窝等现象，杆头封堵良好。

2.2.5.3　杆身不得有纵向裂缝，横向裂缝宽度不超过 0.1mm，长度不超过 1/3 周长，且 1m 内横向裂纹不得超过三处。

2.2.5.4　杆身弯曲不超过杆长的 1/500。

2.2.5.5　电杆埋深 3m 线标识清晰、准确。

2.2.6　拉线

2.2.6.1　安装拉线前应进行外观检查，拉线应符合相关国家标准的规定。

2.2.6.2　钢绞线镀锌良好。

2.2.6.3　钢绞线无锈蚀、松股、交叉、折叠、断股及破损等缺陷。

2.2.7　电气设备

2.2.7.1　电气设备必须符合相应的产品标准及产品使用要求。

2.2.7.2　安装电气设备前应进行外观检查，且符合下列要求：

a）外观整齐、清洁。

b）操动机构灵活，无卡涩现象。

c）分、合动作应快速、准确、可靠。

d）辅助触点断合准确、可靠。

e）仪表与互感器变比及接线、极性正确且试验合格。

f）紧固螺母拧紧，元件安装正确、牢固可靠。

g）保护元件整定正确。

h）随机元件、附件及出厂资料齐全，设备型号与设计图纸要求一致。

2.3　电　杆　基　坑

2.3.1　电杆基坑施工前的定位规定

2.3.1.1　直线杆：顺线路方向位移不应超过设计档的 5%，垂直方向不应超过 50mm。

2.3.1.2　转角杆：位移不应超过 50mm。

2.3.2　电杆的埋深、回填要求

2.3.2.1　电杆的埋深应按下式计算或埋深符合表 2-1 的要求。

电杆埋深（m）=杆高/10+0.7（m）

表 2-1　　　　　　　　　　　　　　　　电　杆　埋　深　　　　　　　　　　　　　　　　　m

杆高	8.0	10.0	11.0	12.0	13.0	15.0
埋深	1.5	1.7	1.8	1.9	2.0	2.2

2.3.2.2　在沙质土地应将电杆的埋深增加 20%。在施工条件困难时，可考虑使用卡盘或拉线。

2.3.2.3　遇有土质松软、流沙、地下水位高等情况时，电杆的埋深应做特殊处理。

2.3.2.4 电杆组立后,回填土应将土块打碎,回填杆基坑时应分层夯实,每填 300～400mm 夯实一次, 其夯实层数应不小于三层。

2.3.2.5 回填土后的电杆坑应有防沉土台,其埋设高度应超过地面 300mm。沥青路面或砌有水泥花砖的路面不留防沉土台。

2.3.2.6 开挖马道一般要求马道的长度为坑深的 1.5 倍,马道应直接通入坑底,如图 2-1 所示。h 为坑深,d 为杆根直径。

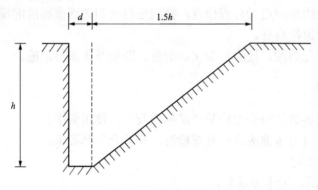

图 2-1　开挖马道图

2.3.3　电杆焊接的规定

2.3.3.1 钢圈连接的钢筋混凝土电杆应由经过焊接专业培训并经考试合格的焊工操作,焊完后的电杆经自检合格后,在规定部位打上焊工的代号钢印。

2.3.3.2 焊完后应将钢圈焊口上的油脂、铁锈、泥垢等清除干净。

2.3.3.3 焊接时钢圈对齐找正,中间留 2～5mm 的焊口缝隙。如钢圈有偏心,其错口不应大于 2mm。

2.3.3.4 焊口符合要求后,先点焊 3～4 处,然后对称交叉施焊,点焊所用焊条应与正式焊接用的焊条相同。

2.3.3.5 钢圈厚度大于 6mm 时,应采用 V 形剖口多层焊接,焊接中应特别注意焊缝接头和收口的质量。多层焊缝的接头应错开,收口时应将熔池填满。焊缝中严禁堵塞焊条或其他金属。

2.3.3.6 焊缝应有一定的加强面,其高度和宽度不应小于表 2-2 的规定。

表 2-2　　　　　　　　　　　　　焊缝加强面的最小高度和宽度　　　　　　　　　　　　　　mm

焊缝加强面尺寸	钢圈厚度 S	
	<10	10～20
高度 c	1.5～2.5	2～3
宽度 e	1～2	2～3
示意图		

2.3.3.7 焊缝表面应以平滑的细鳞形与基本金属平缓连接，无折皱、间断、漏焊及未焊满的陷槽，并不应有裂纹。基本金属的咬边深度不应大于 0.5mm，当钢材厚度超过 10mm 时，不应大于 1.0mm，仅允许有个别表面气孔。

2.3.3.8 雨、雪、大风时应在采取妥善措施后，方可施焊。施焊中杆内不应有穿堂风。当气温低于−20℃时，可采取预热措施，预热温度为 100～120℃，焊后应使温度缓慢下降，严禁急剧降温。

2.3.3.9 焊完后的电杆其分段弯曲及整杆弯曲均不得超过对应长度的 1/500，超过时，应割断重新焊接。

2.3.3.10 电杆的钢圈焊接头应按设计要求进行防腐处理。无设计规定时，可将钢圈表面铁锈、焊缝的焊渣与氧化层除净，先涂一层红樟漆，干燥后再涂一层防锈漆。

2.3.3.11 杆塔和拉线基础中的钢筋混凝土工程施工及验收，应符合相关国家标准的规定。

2.4　杆　塔　组　装

2.4.1　电杆起吊

2.4.1.1 混凝土电杆及预制构件在运输装卸中严禁互相碰撞、急剧坠落和不正确的支吊，以防止产生裂缝或使原有裂缝扩大。

2.4.1.2 锥形电杆在运输起吊或单杆起立时，吊点应绑在锥形电杆的重心上。锥形电杆的重心不在电杆中心，可用以下简便的经验公式估算：

$$G_0=0.4L+0.5$$

式中　G_0——水泥电杆重心距根部的距离，m；

　　　L——水泥电杆长度，m。

对于等径杆的重心位置，一般以 1/2L 计算。

2.4.1.3 15m 的整体电杆在运输过程中应加马鞍架，以防运输途中将电杆坠裂或闪断。

2.4.1.4 运至杆位的杆段及预制构件应放置于地平面检查，当端头的混凝土局部碰损时应进行补修。

2.4.1.5 电杆起立前顶端应封堵良好。设计无要求时，下端可不封堵。

2.4.2　电杆立杆

2.4.2.1　立杆后杆塔的偏移、倾斜规定

2.4.2.1.1 直线混凝土杆偏离线路中心线不大于 50mm，倾斜不大于 1/200 杆高。

2.4.2.1.2 转角杆杆位向内角的偏移不大于 50mm，不能向外角偏移；杆塔应向外角方向微倾，但不得超过 1/100 杆高，不允许向内角方向倾斜。

2.4.2.1.3 终端杆应向导线的反方向微倾，但不得超过 1/100 杆高。

2.4.2.1.4 π 形杆根开一般规定为 3m，其误差不大于±1% 根开。转角 π 形杆两杆应在转角的平分线上，位移不大于 50mm，两杆高差不得大于 20mm。

2.4.2.2 底盘与卡盘的安装

2.4.2.2.1 杆高为 15m 及以上的 π 形杆、18m 及以上的单杆均要求装设底盘。

2.4.2.2.2 底盘的表面应保持水平，底盘中心应与杆根中心重合，误差不大于 50mm。

2.4.2.2.3 卡盘的安装：直线杆应顺线路方向交替安装，承力杆应装在导线受力侧。

2.4.2.2.4 卡盘中心离地面为 500mm，使用双卡盘时，两卡盘应错开安装，两卡盘中心线之间的距离为 400mm。

2.5 杆顶支架、横担组装

2.5.1 配电线路的排列规定

2.5.1.1 6～10kV 架空配电线路导线一般采用正三角形或垂直排列。

2.5.1.2 线路在个别交叉跨（穿）越距离难以保证时，也可采用小三角或水平排列。但线间距离不应小于表 2-3 所列数值。

表 2-3 　　　　　　　　　　　　配电线路导线最小线间距离　　　　　　　　　　　　m

线路电压	档 距								
	40 及以下	50	60	70	80	90	100	110	120
6～10kV	0.60	0.65	0.70	0.75	0.85	0.90	1.00	1.05	1.15
0.4kV	0.30	0.40	0.45	0.50	—	—	—	—	—

注　1．表中所列数据适用于导线的各种排列方式。
　　2．靠近电杆的两导线间的水平距离，不应小于 0.5m。

2.5.2 配电线路杆顶支架、横担的组装

2.5.2.1 杆顶支架上层包箍距杆顶的距离为 100mm，没有杆顶支架的转角杆、断联杆、耐张杆的上层包箍距杆顶的距离为 200mm。

2.5.2.2 中压配电线路直线杆横担距杆顶的距离为 1200mm，中压配电线路转角杆、断联杆、耐张杆横担距杆顶的距离为 1400mm。低压线路横担距杆顶的距离为 200mm。π 形杆横担距杆顶的距离为 200mm。

2.5.2.3 一般情况下，分支横担应装在主线路横担的下侧。

2.5.3 横担的组装要求

2.5.3.1 横担组装方向规定为：东西线路横担装在电杆的东侧，南北线路横担装在电杆的北侧，转角杆及终端杆当采用单横担时横担应装于拉线侧，线路跌落保险担装在供电侧。

2.5.3.2 杆塔部件组装有困难时应查明原因，严禁强行组装。个别螺孔需扩孔时应用冷扩，扩孔部分不应超过 3mm。

2.5.3.3 导线为水平排列或垂直排列时，上层横担距杆顶距离不宜小于 200mm。

2.5.3.4 横担安装应固定牢靠、平正，歪斜度不应大于 1/50 担长，横担弯曲不应大于 1/1000 担长。

2.5.3.5 铁担的规格应按设计加工，一般情况下可按表 2-4 规格加工。

表 2-4　　　　　　　　　　铁 担 规 格 表

铁担名称	铁担规格（mm）	使用导线	使用档距
6～10kV 直线担	∠6×63×1800	LGJ-70	80m 及以下
	∠8×75×1800	LGJ-120～LGJ-185	
保护担	∠6×63×2000	LGJ-70	80m 及以下
	∠8×75×2000	LGJ-120～LGJ-185	
π 形杆双横担	[8×6000	LGJ-70	120m 及以下
	[10×6000	LGJ-70～LGJ-185	150m 及以下
线路 跌落保险担 （三角排列）	∠6×63×2000（下）	LGJ-70	80m 及以下
	∠8×75×2000（下）	LGJ-120～LGJ-185	
	∠6×63×600（上）	装设中相令克	
水平 跌落保险担	∠6×63×2300	装设变压器令克	
避雷器担	∠5×50×1800	装设避雷器	
低压横担（五线）	∠6×63×2300 ∠8×75×2300	LGJ-35～LGJ-70 LGJ-120～LGJ-185	80m 及以下

2.5.3.6 同杆架设裸导线路横担之间的最小垂直距离见表 2-5。

表 2-5　　　　同杆架设裸导线路横担之间的最小垂直距离　　　　　　　　m

导线架设方式	直线杆	分支或转角杆
中压与中压	0.80	0.5
中压与低压	1.20	1.00
低压与低压	0.60	0.30

2.5.3.7 同杆架设绝缘线路横担之间的最小垂直距离见表 2-6。

表 2-6　　　　同杆架设绝缘线路横担之间的最小垂直距离　　　　　　　　m

导线架设方式	直线杆	分支或转角杆
中压与中压	0.5	0.2/0.3
中压与低压	1.0	0.5/0.6
低压与低压	0.3	0.2（不包括集束线）

2.5.4　螺栓连接

2.5.4.1 螺杆应与构件面垂直，螺头平面与构件间不应有空隙。

2.5.4.2 螺栓紧好后，螺杆丝扣露出的长度：单螺母不应少于两个螺距，双螺母可与螺母相平。

2.5.4.3 承受剪力的螺栓，剪切面内不得有丝扣部分。

2.5.4.4 必须加垫圈者，每端垫圈不应超过 2 个。

2.5.4.5 螺栓的穿入方向应符合下列规定：垂直方向螺栓由下向上；水平横线路方向螺栓两侧由内向外（杆塔为参照物），中间由左向右（人站在横侧）。水平顺线路方向者单面构件螺栓穿向横担侧（杆塔为参照物），双面构件螺栓由内向外（构件为参照物）。

2.5.4.6 开口销、弹簧销穿入的方向同螺栓穿入的方向一致。所有开口销应开口 60°～90°，不得用铁丝、铝丝等代替弹簧销和开口销。

2.5.5 10kV 配电线路绝缘子的选择

2.5.5.1 直线杆：三相全部采用 P-20kV 针式绝缘子或合成绝缘子。为防止瓶脚脱落，螺杆应用绑线绑扎，并固定在杆顶支架和横担上。

2.5.5.2 耐张杆：LGJ-70 及以下导线采用两片 X-3C 悬式绝缘子或合成绝缘子组成的绝缘子串，LGJ-120 及以上导线采用两片 X-4.5 悬式绝缘子或合成绝缘子组成的绝缘子串。

2.5.5.3 转角杆横担及绝缘子安装数量的要求。转角杆横担及绝缘子安装数量在正常档距时，见表 2-7。

表 2-7 转角杆横担及绝缘子安装数量

转角角度	铁 横 担		绝缘子		断开情况	跳线情况
	LGJ-35～LGJ-70	LG-120～LGJ-185	LGJ-35～LGJ-70	LG-120～LGJ-185		
15°及以下	单横担	双夹横担	单针式绝缘子	双针式绝缘子	导线不断	—
15°～45°	双夹横担	双夹横担	双针式绝缘子	双针式绝缘子	导线不断	—
45°～60°	单层双夹横担	上下棚双夹横担	2 片 X-3C	2 片 X-4.5	导线断开	顺跳
60°～90°	上下棚双夹横担	上下棚双夹横担	2 片 X-3C	2 片 X-4.5	导线断开	东跳北，西跳南

2.5.6 绝缘子的安装

2.5.6.1 单根敷设的中压绝缘配电线路：直线杆宜采用针式绝缘子 P-22kV 型，线路耐张段不超过 250m 时，宜采用两个悬式绝缘子组成的绝缘子串及不剥皮耐张线夹。

2.5.6.2 单根敷设的低压绝缘配电线路：直线杆应采用针式绝缘子 P-10kV 型，耐张杆线路应采用低压绝缘型耐张线夹。

2.5.6.3 安装时应清除表面灰垢、泥沙等附着物及不应有的涂料。

2.5.6.4 悬式绝缘子的安装要求如下：

a）绝缘子应安装牢固、连接可靠。

b）安装后防止绝缘子积水。

c）金具上所使用的闭口销的直径必须与孔径配合，且弹力适度。

d）与电杆、导线金属连接处不应有卡压、摩擦现象。

2.5.7 杆塔的标示规定

2.5.7.1 线路工程移交时杆塔上应有下列固定标志：

a）线路名称及杆号。

b）在多回路杆塔上应注明每回线路的线路名称及杆号。

2.5.7.2　线路杆塔号的规定如下：

a）中压线路杆塔号应朝向道路中心一侧，采用不易脱落的热转印设备打印的粘贴式标识。

b）杆塔号的标示高度应以最下部字符距地面 2.5m 为准。

c）粘贴杆号标识前应将线杆喷字杆面部分清理干净，以保证线路杆塔标识的准确性、持久性。

d）编号数字使用阿拉伯数字，字体采用 100mm×100mm 黑体加黑汉字。

e）线路增加的付号杆应使用汉字"付"标示，禁止付号杆标示使用"－"字样。

2.5.7.3　在城市建成区以内的道路两侧的电杆、台架采用不易脱落的热转印设备打印的粘贴式标识。

2.5.7.4　配电网重要配电设备（台变等）在投运送电前应按照有关"配电网重要设备挂牌的管理规定"，挂牌应有安装人员、验收人员、运行维护人员、投运日期等。

2.6　拉　线　安　装

2.6.1　拉线的确定

2.6.1.1　10°及以下的转角杆，同时裸导线截面积为 70mm^2 及以下者，可以不打拉线，杆塔应向外角方向微倾。

2.6.1.2　只有一档线路的分支线，同时档距在 25m 及以下，裸导线截面积不大于 70mm^2，并且是松弛档时，分支线两端可不设拉线。

除上述两种情况及专门设计的杆塔外，承受导线张力的杆塔均应装设拉线以平衡导线张力。

2.6.1.3　45°及以下的转角杆可以只打一根合力拉线，45°以上的转角杆应打顺导线拉线。

2.6.1.4　重要的跨越杆、18m 及以上的单杆应设垂直于线路方向的人字拉线，π 形杆要打交叉拉线或 V 形拉线。

2.6.2　拉线的安装

2.6.2.1　拉线与电杆的夹角不宜小于 45°，当受地形限制时，不应小于 30°。

2.6.2.2　承力拉线应与线路方向对正，防风拉线应与线路方向垂直。

2.6.2.3　拉线应使用镀锌钢绞线。拉线盘一般用混凝土拉线盘，拉线盘不得有裂纹、露筋、水泥脱落等缺陷。

2.6.2.4　跨越道路的拉线，一般应使用拉线桩。拉线对路面中心的垂直距离不得小于 6m，且与通车路面边缘的垂直距离不得小于 5m。拉线包箍距地面不应小于 5m。

2.6.2.5　拉线桩应向张力拉反方向倾斜 15°～20°，埋设深度为 2m。拉桩坠线与拉桩夹角不应小于 30°，拉线包箍上端固定点的位置与拉桩杆顶部距离应大于 0.25m。

2.6.2.6　拉线应装设拉紧绝缘子，拉紧绝缘子装设的位置应考虑在拉线断落下垂情况下，拉紧绝缘子离地面的距离不小于 2.5m。

2.6.3 拉线包箍的安装

2.6.3.1 人字拉线包箍应安装在底层横担下侧 200mm 处。

2.6.3.2 顺线拉线包箍应装在所平衡导线横担的上侧 250mm 处。

2.6.3.3 终端杆拉线包箍应装在横担到杆顶距离的 1/3 处。安装双层拉线，上层拉线包箍应装在上层横担以上 250mm 处，下层拉线包箍应装在下层横担以下 200mm 处。

2.6.4 拉线盘的安装

2.6.4.1 埋设拉线盘的拉线坑应有滑坡（马道），回填土应有防沉土台。

2.6.4.2 拉线棒与拉线盘的连接应使用 U 形环，拉线应有防撞保护措施。

2.6.4.3 采用顶杆（撑杆）安装时顶杆的底部埋深不小于 0.5m，顶杆与主杆连接紧密、牢固。

2.6.5 拉线的制作

2.6.5.1 拉线的最小截面为 GJ-70，拉线棒的最小直径为 ϕ20mm。拉线、拉线棒的大小应按受力大小来选。在正常档距下，可按表 2-8 来选择。

表 2-8   拉线、拉线棒、拉线盘选择表   mm

导线型号	拉线型号	拉线棒规格	拉线盘规格
LGJ-70	GJ-70	ϕ20×2500	400×800
LGJ-120	GJ-100	ϕ22×2500	500×1000
LGJ-185	2×GJ-100	ϕ22×2500	500×1000

2.6.5.2 用钢绞线做拉线时，上端用楔形线夹卡死，留出尾线 250～300mm。下端用 UT 型线夹卡死，留出尾线 400～500mm。上下尾线用不小于 ϕ3.2mm 的镀锌铁线绑扎，其绑扎长度不小于 50mm，绑扎后留出 50～100mm 短尾线。

2.6.5.3 在道路有行人通过的地方装设拉线时，应在 UT 型线夹上端装设拉线警示管。

2.6.5.4 转角杆打顺线拉线时，拉线方向可向转角的外角方向偏移 1°～2°，两条拉线偏移的度数应一致，不允许向转角内角方向偏移。

2.6.5.5 拉线打好后应符合下列规定：

a）拉线弯曲部分不应有松股、散股或受力不均现象。

b）采用 UT 型线夹及楔形线夹固定拉线时在安装前丝扣上应涂润滑剂，楔形线夹和 UT 型线夹舌面与拉线应接触紧密，在拉线正常受力时，应无滑动现象，线夹凸肚应在尾线侧，安装时不应损伤线股。拉线端头应装设在非受力面侧。

c）使用 UT 型线夹调整拉线时，拉线做成后，UT 型线夹余丝部分不应小于可调部分丝扣长度的 2/3。调整后，UT 型线夹的双螺母应扣紧，端头应有防盗措施。

d）拉线交叉处不得有互相摩擦现象，拉线不允许与绝缘子、杆体、金具、树木等物体摩擦。

e）当一基电杆上装设多条拉线时，每根拉线的受力应一致，拉线不应有过松、过紧、受力不均匀等现象。

f）拉线、拉线棒必须成一直线，各侧拉线均应受力。

g）同一拉线使用双线夹时，其尾线端的方向应统一。

h）终端杆的拉线及耐张杆的承力拉线应与线路方向对正，分角拉线应与线路分角线方向对正，防风拉线应与线路方向垂直。

2.7　架空裸导线线路架设

2.7.1　架空裸导线线路架设的要求

2.7.1.1　导线架设方式：一般采用垂直排列、水平排列或三角排列。为方便带电作业，导线架设推荐采用垂直排列方式。

2.7.1.2　架空配电线路导线截面选择应考虑机械强度、负荷电流及电压降等因素，但最小截面不得小于 LGJ-120。为规范线路导线型号，一般应选用 LGJ-120、LGJ-185、LGJ-240 三个规格的导线。

2.7.1.3　导线在展放过程中，应防止发生导线磨伤、断股、扭、弯等现象。

2.7.1.4　档距超过 120m 及以上者应考虑防震措施。防震装置安装的数量、规格、位置应符合设计要求，安装位置误差不应大于±30mm。

2.7.2　导线损伤的重接规定

导线损伤有下列情况之一者，应锯断重接：

a）在同一截面内，损坏面积超过导线的导电部分截面积的 17%。

b）钢芯铝绞线的钢芯断一股。

c）导线散股呈灯笼状，直径超过 1.5 倍导线直径。

d）导线形成死弯、无法修复的永久变形。

2.7.3　导线损伤的修补规定

2.7.3.1　导线截面损坏不超过导电部分截面积 17%时可敷线补修，敷线长度应超出缺陷部分，两端各缠绕长度不小于 100mm。

2.7.3.2　导线磨损的截面，在导电部分截面积的 5%以内，可不作处理。

2.7.4　导线接头的要求

导线接头应满足下列要求：

a）同一档距内，同一根导线上的接头不得超过一个。

b）在跨越一、二级通信线，一、二级公路，高速公路，铁路等重要跨越档距内不允许有接头。

c）导线接头处的电阻不能大于同种导线同样长度的电阻。

d）导线接头处的瞬时破坏强度不应小于该种导线瞬时破坏强度的 90%。

e）不同金属、不同规格、不同绞向的导线严禁在档距内连接，可以在断联杆上跳线处连接。

f）不同金属导线之间的连接一律用过渡设备线夹。

g）钢芯铝绞线、铝绞线、铜绞线在档距内的接头，一般采用压接法。

h）导线接头处距耐张线夹应大于 15m，距悬式绝缘子应大于 5m，距针式绝缘子应大于 0.5m，且应在防振锤、阻尼线、保护线之外。

2.7.5 导线采用钳压接续管进行连接时的规定

2.7.5.1 接续管型号与导线的规格应配套。

2.7.5.2 导线钳压压口数及压口尺寸应符合表 2-9 的规定。

表 2-9 导线钳压压口数及压口尺寸

导线型号		钳压部位尺寸（mm）			压口尺寸（mm）	压口数
		a_1	a_2	a_3		
钢芯铝绞线	LGJ-70	46	54.5	123.5	25.0	16
	LGJ-120	62	67.5	160.5	33.0	24
	LGJ-185	66	74.5	173.5	39.0	26
铝绞线	LJ-70	44	28	50	19.5	8
	LJ-120	52	33	59	26.0	10
	LJ-185	60	35	65	33.5	10
铜绞线	TJ-16	28	14	28	10.5	6
	TJ-25	32	16	32	12.0	6
	TJ-35	36	18	36	14.5	6
	TJ-50	40	20	40	17.5	8
	TJ-70	44	22	44	20.5	8
	TJ-95	48	24	48	24.5	10
	TJ-120	52	26	52	27.5	10
	TJ-150	56	28	56	31.5	10

2.7.5.3 压接顺序如图 2-2 所示，铜、铝绞线的压接顺序是从一端开始，依次向另一端交错压接；钢芯铝绞线的压接顺序是从中间开始，依次向一端交错压接。

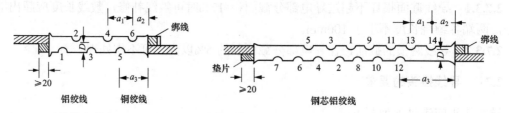

注 1. 压接管上数字1、2、3、…表示压接顺序。
　　2. 压后尺寸的允许误差为：铜钳接管±0.5mm；铝钳接管±1.0mm。

图 2-2 压接顺序

2.7.5.4 钳压后导线端头露出长度不应小于 20mm，导线端头绑线不应拆除。

2.7.5.5 压接后的接续管弯曲不应大于管长的 2%；大于 2%时应用木锤校直。

2.7.5.6 压接后或校直后的接续管不应有裂纹。

2.7.5.7 压接后接续管两端附近的导线不应有灯笼、抽筋等现象。

2.7.5.8　压接后接续管两端出口处、合缝处及外露部分应涂刷红铅油。

2.7.6　导线紧线的要求

2.7.6.1　导线紧线后，弛度的误差不应超过设计弛度的±5%，同档内各相导线弛度力求一致，导线三角排列时弛度相差不应大于 100mm，水平及垂直排列时弛度相差不应大于 50mm。

2.7.6.2　直线杆的横向位移不应大于 50mm，电杆的倾斜不应使杆梢的位移大于杆梢直径的 1/2。

2.7.6.3　转角杆应向外角预偏，紧线后不应向内角倾斜，向外角的倾斜不应使杆梢位移大于杆梢直径。

2.7.6.4　终端杆应向拉线侧预偏，紧线后不应向导线方向倾斜，向拉线侧倾斜不应使杆梢位移大于杆梢直径。

2.7.6.5　有拉线的转角杆、终端杆、导线不对称的断联直线杆，在拉线点处，不应向受力侧挠倾。杆顶向反受力侧或轻载侧的倾斜不应超过杆高的 1/100。

2.7.7　导线固定的要求

2.7.7.1　架空裸导线线路直线杆固定在针式绝缘子顶槽中，低压绝缘子无顶槽时固定在针式绝缘子边槽中，且应固定在绝缘子的外侧；直线转角杆一律固定在转角外角颈槽内。

2.7.7.2　直线保护杆导线固定法：边相主导线固定在外侧，副导线固定在内侧。中相主导线固定在左侧，副导线固定在右侧（人站在横担侧）。导线长一般为 2.5m，应与主导线截面相同，副导线与主导线的连接可采用缠绕连接，每端缠绕长度不小于 250mm，缠绕后两端各留尾线 50～70mm。

2.7.7.3　绑扎用的绑线，应选用与导线同金属的单股线，其直径不应小于 2mm。

2.7.7.4　导线在绝缘子上固定，一律采用双十字扎法，绑扎应牢固。

2.7.8　跳线方向的规定

2.7.8.1　正方向线路：线路东北相跳、中中相跳、西南相跳。垂直排列和三角排列跳线时，上线跳中相，中线跳西北相，下线跳东南相。

2.7.8.2　斜方向线路：线路方向为东南－西北走向的视为南北线路，线路方向为东北－西南走向的视为东西线路。

2.7.8.3　如实际相位或相序有差错时，个别之处也允许用其他跳法。

2.7.9　引线（跨接线或弓子线）的规定

2.7.9.1　引线的导电能力不应小于两侧导线中截面最小侧导线的导电能力。

2.7.9.2　导线截面积在 70mm^2 及以上时，引线应用"T"形线夹或钳压管固定（或选用新型可靠的线夹，如 C 形线夹固定），线夹及钳压管型号要与导线匹配。

2.7.9.3　除"T"接分支外，应将引线直接接在耐张线夹出口尾线侧。

2.7.9.4　不同材料的导线相接应使用过渡设备线夹或采取其他防电化措施。

2.7.9.5　引线弯曲部分过渡应圆滑。

2.7.9.6　铝导线在绝缘子或线夹上固定时，应缠铝包带，缠绕方向应与铝股扭向一致，缠绕长度应超出接触部分30mm。对于铜导线，应用单股铜线缠绕。

2.7.10 引线距离的规定

2.7.10.1 6～10kV线路每相引线、引下线与邻相的引线、引下线或导线之间的净空距离，不应小于300mm；0.4kV配电线路，不应小于150mm。

2.7.10.2 6～10kV线路的导线与拉线、电杆、构架等接地部分之间的净空距离，不应小于200mm；0.4kV配电线路，不应小于50mm。

2.7.10.3 6～10kV引下线与0.4kV线路间的距离不应小于200mm。

2.8 架空绝缘线路导线架设

2.8.1 导线架设方式

架空绝缘线路导线一般采用垂直排列、水平排列或三角排列。为方便带电作业，导线架设推荐采用垂直排列方式。

2.8.2 放线的规定

2.8.2.1 架设绝缘线宜在干燥天气进行。

2.8.2.2 放、紧线过程中，导线不得在地面、杆塔、横担、绝缘子或其他物体上拖拉，以防损伤绝缘层。

2.8.2.3 放线时应将绝缘线放在塑料滑轮或套有橡胶护套的铝滑轮内，滑轮直径不应小于绝缘线外径的12倍，槽深不小于绝缘线外径的1.25倍，槽底部半径不小于0.75倍绝缘线外径，轮槽槽倾角为15°。

2.8.2.4 放线时宜采用网套牵引绝缘线。

2.8.3 绝缘线损伤的处理

2.8.3.1 线芯损伤的处理方法如下：

a）线芯截面损伤不超过导电部分截面的17%时，可敷线修补，敷线长度应超过损伤部分，每端缠绕长度超过损伤部分不小于100mm。

b）导线截面损伤在导电部分截面的6%以内，损伤深度在单股线直径的1/3之内时，应用同金属的单股线在损伤部分缠绕，缠绕长度应超出损伤部分两端各30mm。

c）线芯损伤在同一截面内超过线芯导电部分截面的17%或者钢芯断一股时应锯断重接。

2.8.3.2 绝缘层损伤的处理方法如下：

a）绝缘层损伤深度在绝缘层厚度的10%及以上时应用绝缘自粘带进行绝缘缠绕修补。缠绕时每圈绝缘粘带间搭压带宽的1/2，补修后绝缘自粘带的厚度应大于绝缘层损伤深度，且不少于两层。也可用绝缘护罩将绝缘层损伤部位罩好，并将开口部位用绝缘自粘带缠绕密封。也可用绝缘冷（热）缩管进行修补。

b）绝缘导线裸露部分及端头均应进行绝缘密封。

c）一个档距内，单根绝缘线绝缘层的损伤修补不宜超过三处。

2.8.4　绝缘线路的连接和绝缘处理

2.8.4.1　绝缘线路的连接要求

2.8.4.1.1　绝缘线的连接不允许缠绕，应采用专用的线夹、接续管连接。10kV 常用接续金具及适用范围见表 2-10。

表 2-10　　　　　　　　　　　10kV 常用接续金具及适用范围

类型	非楔型"C"形线夹或"H"形线夹	非楔型"C"形线夹或"H"形线夹	集束线绝缘对接管	压接管
10kV	主干线、电缆引线及较大支线之间的连接（非承力）	小负荷分支非承力连接	—	主干线、支线承力连接

2.8.4.1.2　不同金属、不同规格、不同绞向的绝缘线，无承力线的集束线严禁在档距内做承力连接。

2.8.4.1.3　在一个档距内，分相架设的绝缘线每根只允许有一个承力接头，接头距导线固定点的距离不应小于 0.5m。

2.8.4.1.4　铜芯绝缘线与铝芯或铝合金芯绝缘线连接时，应采用铜铝过渡连接。

2.8.4.1.5　剥离绝缘层、半导体层应使用专用切削工具，不得损伤导线，切口处绝缘层与线芯宜有 45°倒角。

2.8.4.1.6　绝缘线连接后必须进行绝缘处理。绝缘线的全部端头、接头都要进行绝缘护封，不得有导线、接头裸露，防止进水。

2.8.4.1.7　中压绝缘线接头必须进行屏蔽处理。

2.8.4.2　绝缘线的接头规定

2.8.4.2.1　线夹、接续管的型号与导线规格相匹配。

2.8.4.2.2　导线接头的电阻不应大于等长导线的电阻，接头的机械强度不应小于导体计算断力的 90%。

2.8.4.2.3　导线接头应紧密、牢靠、造型美观，不应有重叠、弯曲、裂纹及凹凸现象。

2.8.4.3　承力接头的连接和绝缘处理

2.8.4.3.1　承力接头的连接采用钳压法、液压法施工，在接头处安装辐射交联热收缩管护套或预扩张冷缩绝缘套管（统称绝缘护套），其承力接头钳压连接绝缘处理见图 2-3、承力接头铝绞线液压连接绝缘处理见图 2-4、承力接头钢芯铝绞线液压连接绝缘处理见图 2-5。

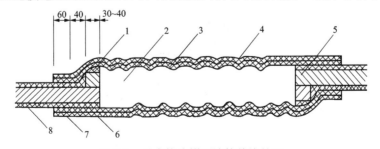

图 2-3　承力接头钳压连接绝缘处理

1—绝缘粘带；2—钳压管；3—内层绝缘护套；4—外层绝缘护套；

5—导线；6—绝缘层倒角；7—热熔胶；8—绝缘层

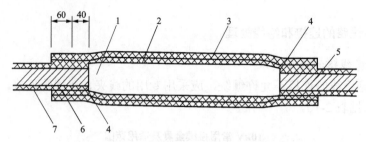

图 2-4　承力接头铝绞线液压连接绝缘处理
1—液压管；2—内层绝缘护套；3—外层绝缘护套；4—绝缘层倒角、绝缘粘带；
5—导线；6—热熔胶；7—绝缘层

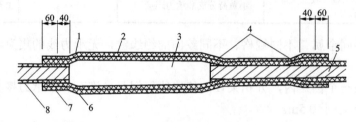

图 2-5　承力接头钢芯铝绞线液压连接绝缘处理
1—内层绝缘护套；2—外层绝缘护套；3—液压管；4—绝缘粘带；
5—导线；6—绝缘层倒角、绝缘粘带；7—热熔胶；8—绝缘层

2.8.4.3.2 绝缘护套管径一般应为被处理部位接续管的 1.5～2.0 倍。中压绝缘线使用内外两层绝缘护套进行绝缘处理，低压绝缘线使用一层绝缘护套进行绝缘处理。

2.8.4.3.3 有导体屏蔽层的绝缘线的承力接头，应在接续管外面先缠绕一层半导体自粘带，与绝缘线的半导体层连接后再进行绝缘处理。每圈半导体自粘带间搭压带宽的 1/2。

2.8.4.3.4 截面积为 240mm^2 及以上的铝芯绝缘线承力接头宜采用液压法施工。

2.8.4.4 钳压法施工工艺

2.8.4.4.1 将钳压管的喇叭口锯掉并处理平滑。

2.8.4.4.2 剥去接头处的绝缘层、半导体层，剥离长度比钳压接续管长 60～80mm，线芯端头用绑线扎紧，锯齐导线。

2.8.4.4.3 将接续管、线芯清洗并涂导电膏。

2.8.4.4.4 按表 2-11 规定的压口尺寸和图 2-6 所示的压接顺序压接。压接后，按钳压标准矫直钳压接续管。

表 2-11　　　　　　　　　　导线钳压压口尺寸和压口数

导线型号		钳压部位尺寸（mm）			压口尺寸（mm）	压口数
		a_1	a_2	a_3		
钢芯铝绞线	LGJ-70	46	54.5	123.5	25.5	16
	LGJ-120	62	67.5	160.5	33.5	24
	LGJ-185	66	74.5	173.5	39.5	26
铝绞线	LJ-70	44	28	50	19.5	8
	LJ-120	52	33	59	26.0	10
	LJ-185	60	35	65	33.5	10

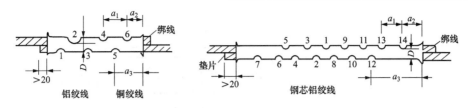

注：压接管上数字1、2、3、…表示压接顺序。

图2-6 导线钳压方法示意图

2.8.4.4.5 将需进行绝缘处理的部位清洗干净，在钳压管两端口至绝缘层倒角间用绝缘自粘带缠绕成均匀弧形，然后进行绝缘处理。

2.8.4.5 液压法施工工艺

2.8.4.5.1 剥去接头处的绝缘层、半导体层，线芯端头用绑线扎紧，锯齐导线，线芯切割平面与线芯轴线垂直。

2.8.4.5.2 铝绞线接头处的绝缘层、半导体层的剥离长度，每根绝缘线比铝接续管的1/2长20～30mm。

2.8.4.5.3 钢芯铝绞线接头处的绝缘层、半导体层的剥离长度，当钢芯对接时，其一根绝缘线比铝接续管的1/2长20～30mm，另一根绝缘线比铝接续管的1/2和铝接续管的长度之和长40～60mm；当钢芯搭接时，其一根绝缘线比钢接续管和铝接续管长度之和的1/2长20～30mm，另一根绝缘线比钢接续管和铝接续管的长度之和长40～60mm。

2.8.4.5.4 将接续管、线芯清洗并涂导电膏。

2.8.4.5.5 导线液压顺序按图2-7～图2-10规定的各种接续管的液压部位及操作顺序压接。

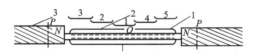

图2-7 钢芯铝绞线钢芯对接式钢管的施压顺序

1—钢芯；2—钢管；3—铝线

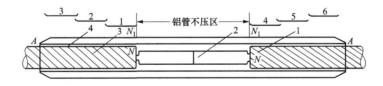

图2-8 钢芯铝绞线钢芯对接式铝管的施压顺序

1—钢芯；2—已压钢管；3—铝线；4—铝管

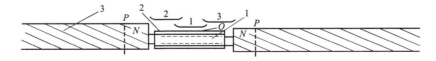

图2-9 钢芯铝绞线钢芯搭接式钢管的施压顺序

1—钢芯；2—钢管；3—铝线

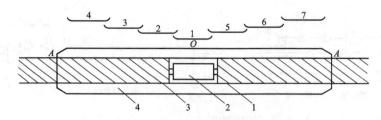

图 2-10　钢芯铝绞线钢芯搭接式铝管的施压顺序

1—钢芯；2—已压钢管；3—铝线；4—铝管

2.8.4.5.6　各种接续管压后压痕应为六角形，六角形对边尺寸为接续管外径的 0.866 倍，最大允许误差 S 为（0.866×0.993D+0.2）mm，其中 D 为接续管外径，三个对边只允许有一个达到最大值，接续管不应有肉眼看出的扭曲及弯曲现象，校直后不应出现裂缝，应锉掉飞边、毛刺。

2.8.4.5.7　将需要进行绝缘处理的部位清洗干净后进行绝缘处理。

2.8.4.6　**辐射交联热收缩管护套的安装**

2.8.4.6.1　加热工具使用丙烷喷枪，火焰呈黄色，避免蓝色火焰。一般不用汽油喷灯，若使用时，应注意远离材料，严格控制温度。

2.8.4.6.2　将内层热缩护套推入指定位置，保持火焰慢慢接近，从热缩管套中间或一端开始，使火焰螺旋移动，保证热缩护套沿圆周方向充分均匀收缩。

2.8.4.6.3　收缩完毕的热缩护套应光滑、无皱折，并能清晰地看到其内部结构轮廓。

2.8.4.6.4　在指定位置浇好热熔胶，推入外层热缩护套后继续用火焰使之均匀收缩。

2.8.4.6.5　热缩部位冷却至环境温度之前，不准施加任何机械应力。

2.8.4.7　**预扩张冷缩绝缘套管的安装**

2.8.4.7.1　将内外两层冷缩管先后推入指定位置，逆时针旋转退出分瓣开合式芯棒，冷缩绝缘套管松端开始收缩。

2.8.4.7.2　采用冷缩绝缘套管时，其端口应用绝缘材料密封。

2.8.4.8　**非承力接头的连接和绝缘处理**

2.8.4.8.1　非承力接头包括跳线、T 接时的接续线夹和导线与设备连接的接线端子。

2.8.4.8.2　接头的裸露部分必须进行绝缘处理，安装专用的绝缘护套。

2.8.4.8.3　绝缘罩不得磨损、划伤，安装位置不得颠倒，有引出线的要一律向下，需紧固的部位应牢固严密，两端口需绑扎的必须用绝缘自粘带绑扎两层以上。

2.8.5　紧线的规定

2.8.5.1　紧线时绝缘线不宜过牵引，应使用网套或面接触的卡线器，并在绝缘线上缠绕塑料或橡皮包带，防止卡伤绝缘层。

2.8.5.2　绝缘线的安装弛度按设计给定值确定，也可用弛度板或其他器件进行观测。绝缘线紧好后，同档内各相导线的弛度应力求一致，施工误差不超过±50mm。

2.8.5.3　绝缘线紧好后，线上不应有任何杂物。

2.8.6　绝缘线路的固定

采用绝缘子（常规型）架设方式时绝缘线的固定：

a）中压绝缘线直线杆采用针式绝缘子，耐张杆采用两片悬式绝缘子和耐张线夹。

b）针式绝缘子的绑扎：直线杆采用顶槽绑扎法，直线转角杆（转角小于 15°）采用边槽绑扎法，绑扎在线路外角侧的边槽上。使用直径不小于 2.5mm 的单股塑料铜线绑扎。

c）绝缘线与绝缘子接触部分应用绝缘自粘带缠绕，缠绕长度应超出绑扎部位或与绝缘子接触部位两侧各 30mm。

d）没有绝缘衬垫的耐张线夹内的绝缘线宜剥去绝缘层，其长度和线夹等长，误差不大于 5mm，将裸露的铝线芯缠绕铝包带，耐张线夹和悬式绝缘子的球头应安装专用绝缘护罩。

2.9　线路上电气设备的安装

2.9.1　杆上台架式变压器的安装规定

2.9.1.1　台架放置的方向为：东西线路放在跌落熔断器横担的东侧，南北线路放在跌落熔断器横担的南侧。

2.9.1.2　台架的安装：变压器台架应与线路在一条直线上，台架杆埋深不应小于 2m，台架根开 2.15m，台架梁距地面 2.5～3m，安装牢固后，水平倾斜不应大于台架根开的 1/100。

2.9.1.3　台架上各处横担的安装：跌落熔断器横担距地面高度为 5.5m，避雷器横担与低压引线横担保持水平，距台架梁高度为 1.8～2.0m。

2.9.1.4　变压器安装后应牢固，套管表面应光洁，不应有裂纹、破损等现象；套管压线螺栓等部件应齐全；储油柜油位正常，外壳干净；一、二次引线应排列整齐，连接绑扎牢固。

2.9.1.5　配电变压器的高压侧应装设避雷器，避雷器应尽量靠近变压器安装，避雷器的接地线应与变压器的低压侧中性点及变压器的金属外壳连接后共同接地，接地电阻值小于 4Ω。

2.9.1.6　变压器应用螺栓和钢绞线固定于台架上，钢绞线截面积不应小于 25mm^2。

2.9.1.7　变压器高压侧引线与线路绝缘导线用非楔型"C"形线夹连接，低压侧引线与低压主干线用非楔型"C"形线夹连接。

2.9.1.8　变压器高、低压出线端子应用绝缘罩密封。

2.9.2　跌落熔断器的安装规定

2.9.2.1　各部分零件完整，安装牢固。

2.9.2.2　转轴光滑灵活，铸件不应有裂纹、砂眼。

2.9.2.3　瓷件良好，熔丝管不应有吸潮膨胀或弯曲现象。

2.9.2.4　熔断器安装牢固、排列整齐、高低一致，熔管轴线与地面的垂直夹角为 15°～30°，两跌落熔断器间的距离不小于 500mm。

2.9.2.5　动作灵活可靠，接触紧密，合跌落熔断器时上触点应有一定的压缩行程。

2.9.2.6　上、下引线连接可靠，排列整齐，长短适中，与线路导线的连接应紧密可靠。

2.9.2.7　跌落熔断器端头用绝缘自粘带密封。

2.9.3　杆上避雷器的安装规定

2.9.3.1　避雷器的瓷件良好，瓷件与固定抱箍之间应加垫层。

2.9.3.2 避雷器安装牢固，排列整齐，高低一致，相间距离不小于 350mm。

2.9.3.3 引下线应短而直，连接紧密，上引线应使用不小于 16mm² 的铜绝缘线，下引线应使用不小于 25mm² 的铜绝缘线。

2.9.3.4 与电气部分连接不应使避雷器产生外加应力。

2.9.3.5 接地线应使用直径不小于 10mm 的钢筋，接地线与引下线在距地面 1.8m 处用扁铁（4mm×40mm）固定，接地电阻值不大于 4Ω。

2.9.3.6 避雷器上端头用绝缘自粘带密封。

2.9.4 杆上断路器的安装规定

2.9.4.1 引线连接安装牢固可靠，水平倾斜不大于托架长度的 1/100。

2.9.4.2 引线连接应用绝缘线，连接要可靠，连接处应留有防水弯，断路器接线端头不应受到引线的张力。

2.9.4.3 绝缘件良好，外壳干净，不应有渗漏现象。

2.9.4.4 操作灵活，动作正确可靠。

2.9.4.5 外壳应可靠接地。

2.9.4.6 断路器端头用绝缘自粘带密封。

2.9.5 杆上隔离开关的安装规定

2.9.5.1 瓷件良好，安装牢固。

2.9.5.2 操动机构动作灵活。

2.9.5.3 隔离开关合闸时应接触紧密，分闸后应有不小于 200mm 的空气间隙，且静触头带电。

2.9.5.4 与引线的连接应紧密可靠，不应受到引线的张力。

2.9.5.5 隔离开关端头用绝缘自粘带密封。

2.10 对地距离及交叉跨越

2.10.1 架空裸导线路与地面的距离及交叉跨越

2.10.1.1 线路与地面的距离，在导线最大弧垂时，不应小于表 2-12 所列数值。

表 2-12 线路与地面的最小距离 mm

线路经过地区	线路电压
	6～10kV
居民区	6.5
非居民区	5.5
交通困难地区	4.5

2.10.1.2 线路与山坡、峭壁、岩石之间的净空距离，在导线最大风偏情况下，不应小于表 2-13 所列数值。

表 2-13　　　　　　　　　　线路与山坡、峭壁、岩石之间的最小距离　　　　　　　　　　m

线路经过地区	线路电压
	6～10kV
步行可以达到的山坡 步行不能达到的山坡、峭壁和岩石	4.5 1.5

2.10.1.3　线路一般不宜跨越建筑物，确需跨越应与有关单位协商或取得当地政府同意。导线与建筑物的垂直距离，在最大弧垂时，6～10kV 线路不应小于 3m。

2.10.1.4　线路边线与建筑物之间的水平距离，在最大风偏情况下，6～10kV 线路不应小于 1.5m，0.4kV 线路不应小于 1.0m。

2.10.1.5　线路通过林区时应砍伐出通道，通道宽度为线路宽度加 10m。如树木自然生长高度不超过 2m，不妨碍架线施工，可不砍伐通道。

2.10.1.6　线路与树木（考虑自然生长高度）之间的垂直距离不小于 3m。配电线通过公园、绿化区和防护林带，导线与树木的净空距离在最大风偏时不应小于 3m。配电线路通过果林、经济林及城市灌木林，不应砍伐通道，但导线至树梢的距离不应小于 1.5m。

2.10.1.7　线路与街道行道树之间的距离不应小于表 2-14 所列数值。

表 2-14　　　　　　　　　　线路与街道行道树之间的最小距离　　　　　　　　　　m

最大弧垂时的垂直距离	最大风偏时的水平距离
6～10kV	6～10kV
1.5	2.0

校验导线与树木之间的垂直距离，应考虑树木在修剪周期内的生长高度。

2.10.1.8　线路与甲类火灾危险性的生产厂房、甲类物品库房和易燃、易爆材料堆场以及可燃或易燃、易爆液（气）体贮罐的防火间距不应小于杆塔高度的 1.5 倍。

2.10.1.9　线路与弱电线路交叉时应符合表 2-15 的要求。

表 2-15　　　　　　　　　　线路与弱电线路的交叉角

弱电线路等级	一级	二级	三级
交叉角（°）	≥45	≥30	不限制

2.10.1.10　线路应架设在弱电线路的上方，导线最大弧垂时，6～10kV 线路对弱电线路的垂直距离不应小于 2m，0.4kV 线路对弱电线路的垂直距离不应小于 1m。

2.10.1.11　线路与铁路、公路、河流、管道和索道交叉时的最小垂直距离，在最大弧垂时不应小于表 2-16 所列数值。

表 2-16　　　　　　　线路与铁路、公路、河流、管道和索道交叉的最小垂直距离　　　　　　　m

线路电压（kV）	铁路至轨顶	公路	电车道	通航河流	特殊管道	索道
6～10	7.5	7.0	9.0	1.5	3.0	2.0

注　通航河流的距离系指与最高航行水位的最高船桅顶的距离。

2.10.1.12 配电线路与各种架空电力线路交叉跨越时的最小垂直距离，在最大弧垂时不应小于表 2-17 所列数值，且低电压线路应架设在下方。相同电压等级的线路与用户线路交叉时，线路应在上方。

表 2-17　　　　　　配电线路与各种架空电力线路交叉跨越的最小垂直距离　　　　　　m

配电线路电压（kV）	电力线路（kV）				
	0.4	6～10	35～110	220	330
6～10	2	2	3	4	5

2.10.1.13 线路与铁路交叉时，电杆外缘至轨道中心的最小水平距离为 5m。线路与铁路平行时，电杆外缘至轨道中心的最小水平距离为杆塔高度加 3m。

2.10.2　架空绝缘线路对地距离及交叉跨越

2.10.2.1 架空绝缘线路对地距离，在导线最大弧垂时，不应小于表 2-18 所列数值。

表 2-18　　　　　　绝缘线在最大弧垂时对地面及跨越物的最小垂直距离　　　　　　m

线路跨越物	线路电压	线路跨越物	线路电压
	中压		中压
繁华地区	6.5	电车行车线	3.0
一般地区	5.5	至河流最高水位（通航）	6.0
交通困难地区	4.5	至河流最高水位（不通航）	3.0
至铁路轨顶	7.5	与索道距离	2.0
城市道路	7.0	人行过街桥	4.0

2.10.2.2 绝缘配电线路应尽量不跨越建筑物，如需跨越，导线与建筑物的垂直距离在最大计算弧垂情况下，6～10kV 线路不应小于 2.5m。

2.10.2.3 线路边线与永久建筑物之间的距离在最大风偏时，6～10kV 线路不应小于 0.75m。

2.10.2.4 6～10kV 架空绝缘线路通过林区应砍伐出通道，通道净宽度为线路边导线向外各 3m。如树林自然生长高度不超过 2m，不妨碍架线施工，可不砍伐通道。

2.10.2.5 6～10kV 架空绝缘线路通过公园、绿化区和防护林带，导线与树林的净距离在最大风偏情况下不应小于 1m。导线与树木（考虑自然生长高度）之间的垂直距离不小于 3m。

2.10.2.6 6～10kV 架空绝缘线路与街道行道树之间的最小距离见表 2-19 的数值。

表 2-19　　　　　　线路与街道行道树之间的最小距离　　　　　　m

最大弧垂情况下的垂直距离	最大风偏情况下的水平距离
中压	中压
0.8	1.0

2.10.2.7 架空绝缘线路与民用天线的距离在最大风偏时不应小于 1m。

2.10.2.8 架空绝缘线路与弱电线路交叉应符合强电在上、弱电在下，与一级弱电线路交叉时交叉角不小于 45°、与二级弱电线路交叉时交叉角不小于 30°的规定。

2.10.2.9　绝缘线路与弱电线路的最小距离见表 2-20。

表 2-20　　　　　　　　　　　　　绝缘线路与弱电线路的最小距离　　　　　　　　　　　　　m

类别	中压
垂直距离	2.0
水平距离	2.0

2.10.2.10　绝缘线与绝缘线之间交叉跨越的最小距离见表 2-21。

表 2-21　　　　　　　　　　绝缘线与绝缘线之间交叉跨越的最小距离　　　　　　　　　　m

线路电压	中压
中压	1.0
低压	1.0

2.10.2.11　绝缘线路与架空裸线之间的交叉跨越距离，应符合架空裸导线路交叉跨越距离的规定。

2.11　防雷与接地

2.11.1　防雷

2.11.1.1　6～10kV 配电线路的防雷保护，主要是在与之连接的配电变压器、柱上开关设备、电缆柱上终端头、高压计量箱、无功补偿装置等装设避雷器。

2.11.1.2　配电变压器的高压侧应装设避雷器，避雷器应尽量靠近变压器安装，避雷器的接地线应与变压器的低压侧中性点及变压器的金属外壳连接后共同接地，接地电阻值小于4Ω。多雷区变压器低压侧也应装设避雷器。

2.11.1.3　柱上开关设备的电源侧应安装避雷器，经常开路运行而又带电的柱上联络开关两侧均应装设避雷器。开关的金属外壳与避雷器接地端一同接地。

2.11.1.4　架空线路中连接的电缆线路，应在连接点处装设避雷器，其接地端应与电缆的金属外皮连接。如电缆的长度不超过 50m，可只在一侧连接点处装设避雷器。

2.11.2　接地

2.11.2.1　线路的下列设施应接地：

a）避雷器接地端及金属围栏。

b）变压器低压侧中性点及中性线；变压器外壳，台架的金属构件。

c）柱上开关（断路器）的金属外壳和联动型隔离开关的操动机构。

d）三相四线低压分支线、下户线终端的中性线应作重复接地。

2.11.2.2　垂直敷设的接地体，宜采用圆钢、角钢或钢管。水平敷设的接地体宜采用扁钢。接地体和接地线的最小截面积不应小于表 2-22 的规定。

表 2-22　　　　　　　　　　　　接地体和接地线的最小截面积

部　位		地上	地下
扁钢	截面积（mm²）	48	48
	厚（mm）	4	4
圆钢直径（mm）		6	8
角钢厚（mm）		—	4
钢管壁厚（mm）			3.4

2.11.2.3　接地体水平埋设深度不小于 0.8m。

2.11.2.4　接地体地下连接一律采用焊接。焊前应先清洁焊口。其搭接长度，圆钢为 6 倍直径，双面施焊；扁铁为两倍宽度，三面施焊。焊缝应平直、不间断，不得有气泡、夹渣和假焊、烧毁等现象。

2.11.2.5　接地引下线导线截面积不得小于 25mm²，自地下 0.5m 至地上 2m 范围内应有绝缘保护措施。

2.11.2.6　各种设备的接地电阻值应符合表 2-23 的规定。

表 2-23　　　　　　　　　　　　各种设备的接地电阻值

接地设备	接地电阻值
变压器低压侧中性线、外壳	≤4Ω
柱上开关（断路器）外壳	≤10Ω
隔离开关传动机构	≤10Ω
避雷器地线	按被保护设备要求
低压线路的重复接地（中性线）	≤10Ω

2.12　工　程　交　接　验　收

2.12.1　工程验收时提交的资料

2.12.1.1　施工中的有关协议及文件。

2.12.1.2　设计变更通知单及在原图上修改的变更设计部分的实际施工图、竣工图。

2.12.1.3　施工记录图。

2.12.1.4　安装技术记录。

2.12.1.5　接地记录，记录中应有接地电阻值、测试时间、测验人姓名。

2.12.1.6　导线弧垂施工记录，记录中应明确施工线段、弧垂、测量人姓名、观测日期、气候条件。

2.12.1.7　交叉跨越记录，记录中应明确跨越物设施、跨越距离、工作质量负责人。

2.12.1.8　施工中所使用器材的试验合格证明。

2.12.1.9　交接试验记录。

2.12.2　工程验收时检查的项目

2.12.2.1　绝缘线型号、规格应符合设计要求。

2.12.2.2　电杆组立的各项误差应符合规定。

2.12.2.3　电气设备外观完整、无缺损，线路设备标志齐全。

2.12.2.4　拉线的制作和安装应符合规定。

2.12.2.5　线路的弧垂、相间距离、对地距离及交叉跨越距离符合规定。

2.12.2.6　线路上无异物。

2.12.2.7　配套的金具、卡具应符合规定。

2.12.3　线路的交接试验

2.12.3.1　测量绝缘电阻。

2.12.3.1.1　中压架空绝缘配电线路使用 2500V 绝缘电阻表测量，电阻值不低于 1000mΩ。

2.12.3.1.2　低压架空绝缘配电线路使用 500V 绝缘电阻表测量，电阻值不低于 0.5mΩ。

2.12.3.1.3　测量线路绝缘电阻时，应将断路器或负荷开关、隔离开关断开。

2.12.3.2　测量相位正确。

第3章 **10kV 电缆线路施工及验收标准**

3.1 一 般 要 求

3.1.1 电缆线路的施工应按已批准的设计进行，在施工前，施工单位应编制施工措施，电缆线路长度超过 5km（10kV 等级）、施工难度大的工程项目或重要用户工程应编写施工组织设计。

3.1.2 采用的电缆及附件，均应符合国家现行有效的产品技术标准 GB/T 12706.1～12706.4、IEC 60502-1～60502-4、GB/T 9330、GB/T 5013、GB/T 5023 及相关的其他产品技术标准的规定，有三年以上安全运行经验，通过国家电线电缆检测中心或国家电网公司电力设备质量检验测试中心或国际认可的电缆检测机构的鉴定，满足国家电网公司相关技术条件要求并有合格证件。设备应有铭牌。

3.1.3 电缆、附件和电缆保护管等设备、主材在供货时应按公司要求，由试验研究院电气设备检测中心检测合格后方可使用。

3.1.4 施工措施中的安全技术措施部分，应符合现行有关安全技术标准及产品的技术文件的规定。对重要的施工项目或工序，还应制定专门的安全技术措施。

3.1.5 电缆及其附件安装用的钢制紧固件，除地脚螺栓外，应用热镀锌制品，锌层厚度符合 GB/T 13912 规定的技术要求。

3.1.6 电缆工程施工期间，工程建设管理部门和监理部门应有专人负责监督，对于隐蔽工程应实行随工验收，重要部位应进行拍照和专项记录。

3.1.7 对有抗干扰要求的电缆线路，应按设计要求采取抗干扰措施。

3.1.8 电缆线路的敷设应到设备运行管理部门办理电缆线路二种工作票。

3.1.9 电缆线路的施工及验收，应符合国家现行的有关标准规范的规定。

3.2 电缆及其附件的运输与保管

3.2.1 电缆及其附件的运输、保管，应符合产品标准的要求，应避免强烈的震动、倾倒、受潮、腐蚀，确保不损坏箱体外表面以及箱内部件。对运输过程有特殊要求时，应在订合同时提出。

3.2.2 在电缆盘吊装时应采用专门的吊装工具，严禁采用钢丝绳直接穿入电缆盘进行吊装的方法。在运输装卸过程中，不得使电缆及电缆盘受到损伤。严禁将电缆盘直接由车上推下。电缆盘不应平放运输、平放贮存。

3.2.3　运输或滚动电缆盘前，必须保证电缆盘牢固、电缆绕紧。滚动时必须顺着电缆盘上的箭头指示或电缆的缠紧方向。

3.2.4　电缆及其附件到达现场后，应按下列要求及时进行检查和送检：

a）产品的技术文件应齐全。

b）电缆型号、规格、长度应符合订货要求，附件应齐全；电缆外观不应受损。

c）电缆封端应严密。当外观检查有怀疑时，应进行受潮判断或试验。

d）电缆线路检测项目包括常规检测和阻燃检测，抽样比例和长度要符合有关规定。

3.2.5　电缆及其有关材料如不立即安装，应按下列要求贮存：

a）电缆应集中分类存放，并应标明型号、电压、规格、长度。电缆盘之间应有通道；地基应坚实，当受条件限制时，盘下应加垫，存放处不得积水。

b）电缆附件的绝缘材料的防潮包装应密封良好，并应根据材料性能和保管要求贮存和保管。

c）防火涂料、包带、堵料等防火材料，应根据材料性能和保管要求贮存和保管。

d）电缆桥架应分类保管，不得因受力变形。

3.2.6　电缆及其附件在安装前的保管，其保管期限应为一年及以下，在符合保管规定的条件下可以保管两年，保管时间超过两年的附件，建议不再使用，或在征得相关技术部门同意后才能使用。

3.2.7　电缆在保管期间，电缆盘及包装应完好，标志应齐全，封端应严密。当有缺陷时，应及时处理。

3.3　电缆线路附属设施和构筑物的施工

3.3.1　电缆管的加工及敷设

3.3.1.1　电缆管应有满足电缆线路敷设条件所需保护性能的品质证明文件，产品经过国家级检测机构鉴定和检测。

电缆管不应有穿孔、裂缝和显著的凹凸不平，内壁应光滑；金属电缆管表面应经过防腐处理。硬质塑料管不得用在温度过高或过低的场所。

3.3.1.2　在易受机械损伤和受力较大处埋设时，应采用足够强度的管材。

3.3.1.3　电缆管的加工应符合下列要求：

a）管口应无毛刺和尖锐棱角，管口宜做成喇叭形。

b）电缆管在弯制后，不应有裂缝和显著的凹瘪现象，其弯扁程度不宜大于管子外径的 10%。

c）电缆管的弯曲半径应大于所穿入电缆的最小允许弯曲半径。

d）金属电缆管应采取有效的防腐措施，如热浸塑或热镀锌。

3.3.1.4　电缆管的内径与电缆外径之比不得小于 1.5；维纶水泥管、玻璃钢管、碳纤螺纹管除应满足上述要求外，其内径尚不宜小于 100mm。

3.3.1.5　每根电缆管的弯头不应超过 3 个，直角弯不应超过 2 个。

3.3.1.6　电缆管明敷时应符合下列要求：

a）电缆管应安装牢固；管间宜用托架进行固定；电缆管支持点间的距离应按设计规定，当无设计规定时，不宜超过 3m。

b）当塑料管的直线长度超过 30m 时，宜加装伸缩节。

c）对于碳纤螺纹管，在敷设时宜采用预制的支架予以固定，宜每隔 2m 放置一组支架。

3.3.1.7 敷设电缆管时，其地基应坚实、平整，不应有沉陷。对于特殊地段，必要时在下层添加钢筋垫层，以提高地基的标准。敷设电缆管宜采用钢筋混凝土包封。

3.3.1.8 管材施工恢复道路路基应满足路政管理部门的要求。回填料、密实度和工艺要满足要求，管间缝隙宜回填筛过的细砂，并捣实。

3.3.1.9 电缆管直埋敷设应符合下列要求：

a）排管埋深不低于 1m。单根电缆管的埋设深度不应小于 0.7m，在人行道下面敷设时，不应小于 0.5m。

b）电缆管应有不小于 0.1% 的排水坡度。

c）电缆管连接时，管孔应对准，接缝应严密，不得有地下水和泥浆渗入。

3.3.1.10 电缆管的连接应符合下列要求：

a）金属电缆管连接应牢固，密封应良好，两管口应对准。套接的短套管或带螺纹的管，其接头的长度不应小于电缆管外径的 2.2 倍。金属电缆管不宜直接对焊，宜采用套袖焊接的方式。

b）硬质塑料管在套接或插接时，其插入深度宜为管子内径的 1.1～1.8 倍。在插接面上应涂以胶合剂黏牢密封；采用套接时套管两端应采取密封措施。

注：排管敷设塑料管多采用橡胶圈密封。

3.3.1.11 引至设备的电缆管管口位置，应便于与设备连接并不妨碍设备拆装和进出；并列敷设的电缆管管口应排列整齐。

3.3.1.12 利用电缆的保护钢管作接地线时，应先焊好接地线；有螺纹的管接头处，应用跳线焊接，再敷设电缆。

3.3.1.13 非金属管线敷设时，应全线埋设接地线，并与工作井、箱式变电站或电缆分接箱的接地连接在一起，接地线的截面和接地电阻应满足要求。

3.3.2 电缆支架的配制与安装

3.3.2.1 电缆支架的加工应符合下列要求：

a）钢材应平直，无明显扭曲。下料误差应在 5mm 范围内，切口应无卷边、毛刺。

b）支架应焊接牢固，无显著变形。各横撑间的垂直净距与设计偏差不应大于 5mm。

c）金属电缆支架必须进行防腐处理，采用热镀锌或热浸塑，优先采用热浸塑。

3.3.2.2 电缆支架的层间允许最小距离，按设计规定；当设计无规定时，可采用表 3-1 的规定，但层间净距不应小于两倍电缆外径加 10mm。

表 3-1　　　　　　　　　　　　**电缆支架的层间允许最小距离**　　　　　　　　　　mm

电缆类型和敷设特征		支（吊）架	桥架
电力电缆明敷	10kV 及以下（除 6～10kV 交联聚乙烯绝缘外）	150～200	250
	6～10kV 交联聚乙烯绝缘	200～250	300

3.3.2.3 电缆支架应安装牢固，横平竖直；托架支吊架的固定方式应按设计要求进行。各支架的同层横档应在同一水平面上，其高低偏差不应大于 5mm。托架支吊架沿桥架走向左右的偏差不应大于 10mm。

在有坡度的电缆沟内或建筑物上安装的电缆支架，应有与电缆沟或建筑物相同的坡度。

电缆支架最上层至沟顶或楼板及最下层至沟底或地面的距离，按照 GB 50217—2007 5.5.3 规定。

3.3.2.4 组装后的钢结构竖井，其垂直偏差不应大于其长度的 2/1000；支架横撑的水平误差不应大于其宽度的 2/1000；竖井对角线的偏差不应大于其对角线长度的 5/1000。

3.3.2.5 电缆桥架的配制应符合下列要求：

a）电缆梯架（托盘）、电缆梯架（托盘）的支（吊）架、连接件和附件的质量应符合现行的有关技术标准。

b）电缆梯架（托盘）的规格、支吊跨距、防腐类型应符合设计要求。

3.3.2.6 梯架（托盘）在每个支吊架上的固定应牢固；梯架（托盘）连接板的螺栓应紧固，螺母应位于梯架（托盘）的外侧。铝合金梯架在钢制支吊架上固定时，应有防电化腐蚀的措施。

3.3.2.7 当直线段钢制电缆桥架超过 30m、铝合金或玻璃钢制电缆桥架超过 15m 时，应有伸缩缝，其连接宜采用伸缩连接板；电缆桥架跨越建筑物伸缩缝处应设置伸缩缝。

3.3.2.8 电缆桥架转弯处的转弯半径，不应小于该桥架上的电缆最小允许弯曲半径的最大者。

3.3.2.9 电缆支架应有足够的承重能力。

3.3.2.10 电缆支架全长均应有良好的接地。

3.3.3　电缆线路防火阻燃设施施工

3.3.3.1 对易受外部影响着火的电缆密集场所或可能着火蔓延而酿成严重事故的电缆回路，必须按设计要求的防火阻燃措施施工。

3.3.3.2 电缆的防火阻燃应采取下列措施：

a）在电缆穿过竖井、墙壁、楼板或进入电气盘、柜的孔洞处，用防火堵料密实封堵。

b）在隧道、电缆沟、变电站夹层和进出线等电缆密集区域应采用阻燃电缆和防火措施，出入口应按设计设置防火门或防火卷帘。

c）在重要电缆沟和隧道中有非阻燃电缆时，宜分段或用软质耐火材料设置阻火隔离，孔洞应封堵。

d）未采用阻燃电缆时，电力电缆接头两侧及相邻电缆 2～3m 长的区段应采取涂刷防火涂料或防火包带等措施，必要时采用高强度防爆耐火槽盒进行封闭。

e）在封堵电缆孔洞时，封堵应严实可靠，不应有明显的裂缝和可见的缝隙，孔洞较大者应加耐火衬板后再进行封堵。

f）电缆外护套一般采用 C 级阻燃 PVC 外护套，有特殊要求时采用特殊要求的阻燃等级或耐火电缆。

g）按设计设置报警和灭火装置。

h）改、扩建工程施工中，加强与运行单位的密切配合，对于贯穿已运行的电缆孔洞、阻火墙，应及时恢复封堵。

3.3.3.3 防火阻燃材料必须具备下列质量资料：

a）有资质的检测机构出具的检测报告；

b）出厂质量检验报告；

c）产品合格证。

3.3.3.4 在使用时，应按设计要求和材料使用工艺编写施工措施，严格按照厂家要求和施工措施施工。材料质量与外观应符合下列要求：

a）有机堵料不氧化、不冒油，软硬适度，具有一定的柔韧性；

b）无机堵料无结块、无杂质；

c）防火隔板平整、厚薄均匀；

d）防火包遇水或受潮后不板结；

e）防火涂料无结块，能搅拌均匀；

f）阻火网网孔尺寸大小均匀，经纬线粗细均匀，附着防火复合膨胀料厚度一致。网弯曲时不变形、不脱落，并易于曲面固定。

3.3.3.5 使用防火涂料时，涂料应按一定浓度稀释，搅拌均匀，并应顺电缆长度方向进行涂刷，涂刷厚度或次数、间隔时间应符合材料使用要求。

3.3.3.6 包带在绕包时，应拉紧密实，缠绕层数或厚度应符合材料使用要求。绕包完毕后，每隔一定距离应绑扎牢固。

3.3.3.7 在封堵电缆孔洞时，封堵应严实可靠，不应有明显的裂缝和可见的孔隙，堵体表面平整，孔洞较大者应加耐火衬板后再进行封堵。电缆竖井封堵应保证必要的强度。有机堵料封堵不应有漏光、漏风、龟裂、脱落、硬化现象；无机堵料封堵不应有粉化、开裂等缺陷。

3.3.3.8 阻火墙上的防火门应严密，孔洞应封堵；阻火墙两侧电缆应施加防火包带或涂料。

3.3.3.9 阻火包的堆砌应密实牢固，外观整齐，不应透光。

3.3.4 电缆线路其他防护设施与构筑物的施工

3.3.4.1 与电缆线路安装有关的建筑工程的施工应符合下列要求：

a）与电缆线路安装有关的建筑物、构筑物的建筑工程质量，应符合国家现行有关标准规范的规定。

b）电缆线路安装前，建筑工程应具备下列条件：

1）预埋件符合设计要求，安置牢固，接地点接地电阻符合设计要求；

2）电缆沟、隧道、竖井及人孔等处的地坪及抹面工作结束，电缆支架、电缆桥架、接地极等附属设施安装就位；

3）电缆夹层、电缆沟、隧道等处的施工临时设施、模板及建筑废料等清理干净，施工用道路畅通，盖板齐全；

4）电缆线路敷设后，不能再进行的建筑工程工作应结束；

5）电缆沟排水畅通，电缆室的门窗安装完毕；

6）电缆线路安装完毕后投入运行前，建筑工程应完成由于预埋件补遗、开孔、扩孔等需要而造成的建筑工程修饰工作。

3.3.4.2　环网柜、电缆分接箱、箱式变电站基础安装位置合理，基础应用混凝土浇固底座，支撑梁宜采用槽钢或工字钢与混凝土浇筑，以提高基础强度，满足动荷载的要求。基础底座露出地面不少于 15cm，环网柜、电缆分接箱、箱式变电站应垂直于地面。基础应安装接地棒，接地棒应是长度大于 2m、直径大于 50mm 的钢管，并埋入地下作为接地极。

3.3.4.3　环网柜、电缆分接箱、箱式变电站的基础位置应与停车站、消防龙头、大门口和道路转角等至少离开 3m。

3.3.4.4　电缆工作井、通气孔可采用砖砌、预制或现浇，有防渗要求时，宜采用现浇。工作井的尺寸应能满足电缆管线敷设最大截面电缆弯曲的要求。电缆井内应设有积水坑，上盖金属箅子。

3.4　电 缆 的 敷 设

3.4.1　一般规定

3.4.1.1　电缆敷设前应按下列要求进行检查：

a）电缆敷设的路径、土建设施（电缆沟、电缆隧道、排管、交叉跨越管道等）及埋设深度、宽度、弯曲半径等符合设计和规程要求。电缆通道畅通，排水良好。金属部分的防腐措施符合要求，防腐层完整。隧道内通风符合要求，新建隧道应有通风口，隧道本体不应有渗漏。

b）电缆型号、电压、规格应符合设计要求。

c）电缆盘外观应无损伤，电缆外皮表面无损伤，电缆内外封头密封良好，当对电缆的外观和密封状态有怀疑时，应进行潮湿判断；直埋电缆应参照 DL/T 596 的规定进行适当项目的试验并合格。

d）电缆放线架应放置稳妥，钢轴的强度和长度应与电缆盘重量和宽度相配合，电缆盘有可靠的制动措施。敷设电缆的机具应检查并调试正常。

e）敷设前应按设计和实际路径计算每根电缆的长度，合理安排每盘电缆，减少电缆接头。应避免把中间接头设置在变电站夹层、交叉路口、建筑物门口、与其他管线交叉处或通道狭窄处。

f）在带电区域内敷设电缆，应有可靠的安全措施。

g）采用机械牵引方法敷设电缆时，敷设前要进行牵引力计算，牵引时应在牵引头处连接拉力表以保证牵引力不超过允许值；牵引机和导向机构应试验完好，尽量采用牵引线芯的方式。

3.4.1.2　电缆敷设时，不应损坏电缆沟、隧道、电缆井和人井的防水层。

3.4.1.3　三相四线制系统中应采用四芯电力电缆，不应采用三芯电缆另加一根单芯电缆或以导线、电缆金属护套作中性线。

3.4.1.4　并联使用的电力电缆的长度、型号、规格宜相同。

3.4.1.5　电力电缆在终端头附近宜留有备用电缆，备用电缆长度以够制作一个相应终端长度为宜。

3.4.1.6　电缆各支持点间的距离应符合 GB 50217 的规定。当设计无规定时，不应大于表 3-2 中所列数值。

表 3-2 电缆各支持点间的距离 mm

电缆种类		敷设方式	
		水平	垂直
电力电缆	全塑型	400	1000
	除全塑型外的中低压电缆	800	1500
控制电缆		800	1000

注 全塑型电力电缆水平敷设沿支架能把电缆固定时，支持点间的距离允许为 800mm。

3.4.1.7 厂家没有具体最小弯曲半径规定的电缆的最小弯曲半径宜符合表 3-3 的规定，厂家有规定的按照电缆厂家的规定执行。

表 3-3 电 缆 最 小 弯 曲 半 径

电 缆 型 式		多芯	单芯
橡皮绝缘电力电缆	无铅包、钢铠护套	10D	
	裸铅包护套	15D	
	钢铠护套	20D	
挤包绝缘电缆	无铠装	15D（12D）	20D（15D）
	有铠装	12D（10D）	15D（12D）

注 D 表示电缆外径。

3.4.1.8 电缆敷设时，电缆应从盘的上端引出，不应使电缆在支架上及地面摩擦拖拉。电缆上不得有铠装压扁、电缆绞拧、护层折裂等未消除的机械损伤。

3.4.1.9 用机械敷设电缆时的最大牵引强度宜符合表 3-4 的规定。

表 3-4 电 缆 最 大 牵 引 强 度 N/mm^2

牵引方式	牵引头		钢丝网套		
受力部位	铜芯	铝芯	铝套	铝套	塑料护套
允许牵引强度	70	40	10	40	7

3.4.1.10 机械敷设电缆的速度不宜超过 15m/min。

3.4.1.11 在复杂的条件下用机械敷设大截面电缆时，应进行施工组织设计，确定敷设方法、线盘架设位置、电缆牵引方向，校核牵引力和侧压力，配备敷设人员和机具。

3.4.1.12 机械敷设电缆时，应在牵引头或钢丝网套与牵引钢缆之间装设防捻器。

3.4.1.13 敷设电缆时，电缆允许敷设最低温度、在敷设前 24h 内的平均温度以及敷设现场的温度不应低于表 3-5 的规定；当温度低于表 3-5 规定值时，应采取措施。生产厂家有特殊要求的按照厂家要求执行。

表 3-5 电缆允许敷设最低温度

电缆类型	电缆结构	允许敷设最低温度（℃）
橡皮绝缘电力电缆	橡皮或聚氯乙烯护套	−15
	裸铅套	−20
	铝护套钢带铠装	−7
塑料绝缘电力电缆		0

3.4.1.14　电力电缆接头的布置应符合下列要求：

a）并列敷设的电缆，其接头的位置宜相互错开。

b）电缆明敷时的接头，应用接头托架托置并与支架固定。

c）直埋电缆接头应有防止机械损伤的保护结构或外设保护盒。

d）电缆接头在隧道、沟槽和电缆井时应有防止接头故障损伤其他电缆的保护盒。

3.4.1.15　电缆敷设时应排列整齐，不宜交叉，加以固定，并及时装设标志牌（标识牌或警示牌）。

3.4.1.16　标志牌的位置和装设应符合下列要求：

a）在电缆终端头、电缆接头、电缆穿管两端、拐弯处、夹层内、隧道及竖井的两端、工作井内等地方，应装设标志牌，标志牌上应注明线路编号，应写明电缆型号、规格及起讫地点，双回路电缆应详细区分。并联使用的电缆应有顺序号。在电缆沟道（隧道）敷设的电缆宜增加标志牌数，可间隔 20～30m 悬挂一个标志牌。

b）电缆隧道内应设置出入口标志牌。

c）电缆隧道内通风、照明、排水和综合监控等设备须挂设铭牌，铭牌内容包括设备名称、投运日期、生产厂家等基本信息。

d）在各类终端塔、钢架桥、钢拱桥两侧围栏正面侧均需正确安装包含"高压危险，禁止攀登"等标志的警示牌。警示牌应悬挂安装在终端站、塔的围墙和围栏开门侧及对向两侧中间位置。

e）电缆通道的警示牌应两侧对称设置，警示牌型式应根据周边环境按需设置，沿线每块警示牌设置间距一般不大于 50m，在转弯工作井、定向钻进拖拉管两侧工作井、接头工作井等电缆路径转弯处两侧宜增加埋设。

f）在水底电力电缆敷设后，应设立永久性标志牌和警示牌。

g）对于各类钢架桥、钢拱桥两侧"U"形围栏应在面向通道方向相向两侧进行悬挂安装。警示牌底边距地面高度为 1.5～3.0m。围墙和围栏设施警示牌宜选用防腐、防晒、防水等抗老化性能好、使用寿命长、不可回收的非金属材质。

h）标志牌规格宜统一，字迹清晰，防腐不易脱落，挂装应牢固。

3.4.1.17　电缆的固定，应符合下列要求：

a）在下列地方应将电缆加以固定：

1）垂直敷设或超过 45°倾斜敷设的电缆在每个支架上；桥架上每隔 2m 处。

2）水平敷设的电缆，在电缆首末两端及转弯、电缆接头的两端处；当对电缆固定有特殊要求时，按照要求执行。

3）单芯电缆的固定应符合设计要求。

b）交流系统的单芯电缆或分相后的分相铅套电缆的固定夹具不应构成闭合磁路。

c）裸铅（铝）套电缆的固定处，应加软衬垫保护。

d）终端在开关柜内时，开关柜下电缆至少应有两个固定点，保持电缆垂直段不少于 1m。

e）护层有绝缘要求的电缆，在固定处应加绝缘衬垫。

f）并联使用的单芯大截面电缆应采用对称布置，固定金具采用电缆抱箍，在固定处应加绝缘衬垫。

g）在隧道内遇到没有电缆支架处（三通井、四通井等）应加装电缆吊架固定电缆。

3.4.1.18 沿电气化铁路或有电气化铁路通过的桥梁上明敷电缆的金属护层或电缆金属管道，应沿其全长与金属支架或桥梁的金属构件绝缘。

3.4.1.19 电缆进入电缆沟、隧道、竖井、建筑物、盘（柜）以及穿入管子时，出入口应封闭，管口应密封。

3.4.1.20 电缆线路运行方式发生变化时，电缆线路、电缆终端和接头的标志牌要及时修改。

3.4.2 直埋电缆的敷设

3.4.2.1 在电缆线路路径上有可能使电缆受到机械性损伤、化学作用、地下电流、振动、热影响、腐蚀物质、虫鼠等危害的地段，应采取保护措施。

3.4.2.2 电缆埋置深度应符合下列要求：

a）电缆表面距地面的距离不应小于0.7m。穿越农田或在车行道下敷设时不应小于1m。在引入建筑物、与地下建筑物交叉及绕过地下建筑物处，可浅埋，但应采取保护措施。

b）电缆应埋设于冻土层以下，当受条件限制时，应采取防止电缆受到损坏的措施。

3.4.2.3 电缆之间，电缆与其他管道、道路、建筑物等之间平行和交叉时的最小净距，应符合GB 50217的规定。当设计无规定时，不应大于表3-6中所列数值。严禁将电缆平行敷设于管道的上方或下方。

表3-6　　　　电缆之间，电缆与管道、道路、建筑物之间平行和交叉时的最小净距　　　　m

项目		平行	交叉
电力电缆间及其与控制电缆间	10kV及以下	0.10	0.50
控制电缆间		—	0.50
不同使用部门的电缆间		0.50	0.50
热管道（管沟）及热力设备		2.00	0.50
油管道（管沟）		1.00	0.50
可燃气体及易燃液体管道（沟）		1.00	0.50
其他管道（管沟）		0.50	0.50
铁路路轨		3.00	1.00
电气化铁路路轨	交流	3.00	1.00
	直流	10.0	1.00
公路		1.50	1.00
城市街道路面		1.00	0.70
杆基础（边线）		1.00	—
建筑物基础（边线）		0.60	—
排水沟		1.00	0.50

注　1. 电缆与公路平行的净距，当情况特殊时可酌减。

2. 电缆与热管道（沟）及热力设备平行、交叉时，应采取隔热措施，使电缆周围土壤的温升不超过10℃。

3. 当直流电缆与电气化铁路路轨平行、交叉，其净距不能满足要求时，应采取防电化腐蚀措施。

4. 直埋电缆穿越城市街道、公路、铁路或穿过有载重车辆通过的大门、进入建筑物的墙角处、进入隧道、人井，或从地下引出到地面时，应将电缆敷设在满足强度要求的管道内，为防止渗水和小动物进入，应将管口封堵好。

5. 交叉时高电压等级的电缆宜敷设在低电压等级电缆的下面。

6. 当电缆穿管或者其他管道有保温层等防护设施时，表中净距应从管壁或防护设施的外壁算起。

3.4.2.4　电缆与铁路、公路、城市街道、厂区道路交叉时，应敷设于有良好防腐处理的钢制电缆管、穿管或隧道内。电缆管的两端宜伸出道路路基两边 0.5m 以上；伸出排水沟 0.5m；在城市街道应伸出车道路面。

3.4.2.5　直埋电缆的上、下部应铺以不小于 100mm 厚的软土或沙层，软土或沙子中不应有石块或其他硬质杂物，并加盖保护板，其覆盖宽度应超过电缆两侧各 50mm，保护板采用混凝土盖板，盖板上方加装直埋电缆警示带，高度约在 350mm。在敷设电缆前，应首先清理电缆沟，将杂物清除，为防止电缆在敷设过程中拖拉，造成外护层损坏，宜在开挖好的沟内放置好直线滑轮，一般 2～4m 放置一个滚轮，在转弯处应放置转角滚轮或转角滚轮组。在接头处的电缆应重叠敷设，根据电缆接头的工艺要求，重叠部分的电缆长度不应小于 1m，采用钢丝网套牵引的电缆，牵引部位应去除。

3.4.2.6　直埋电缆在直线段每隔 50～100m 处、电缆接头处、转弯处、进入建筑物等处，应设置明显的警示标志或标桩。

3.4.2.7　直埋电缆回填土前，应经隐蔽工程验收合格。回填土应为细沙土，并分层夯实。

3.5　电缆沟及隧道敷设

3.5.1　电缆隧道净高不宜小于 1900mm，与其他沟道交叉段净高不得小于 1400mm。

3.5.2　电缆沟、隧道或工作井内通道的净宽，不宜小于表 3-7 的规定。

表 3-7　　　　　　　　　　电缆沟、隧道中通道净宽允许最小值　　　　　　　　　　mm

电缆支架配置及通道特征	电缆沟深			电缆隧道
	≤600	600～1000	≥1000	
两侧支架间净通道	300	500	700	1000
单列支架与壁间通道	300	400	600	900

3.5.3　电缆支架的层间垂直距离，应满足能方便地敷设电缆及其固定、安置接头的要求，在多根电缆同置一层支架上时，有更换或增设任一电缆的可能，电缆支架之间最小净距不宜小于表 3-8 的规定。

表 3-8　　　　　　　　　　　电缆支架层间垂直最小净距　　　　　　　　　　　mm

电压等级	电缆隧道	电缆沟
10kV 及以下	200	150
35kV	250	200
66～500kV	2D+50	2D+50

注　D 为电缆外径。

3.5.4　电缆导管内电缆的敷设。

3.5.4.1　在下列地点，电缆应有一定机械强度的保护管或加装保护罩：

a）电缆进入建筑物、隧道、穿过楼板及墙壁处。

b）从沟道引至电杆、设备、墙外表面或屋内行人容易接近处，距地面高度 2m 以下的一段。

c）可能有载重设备移经电缆上面的区段。

d）其他可能受到机械损伤的地方。保护管埋入非混凝土地面的深度不应小于 100mm；伸出建筑物散水坡的长度不应小于 250mm，保护罩根部不应高出地面。

3.5.4.2 管道内部应无积水，且无杂物堵塞。穿电缆时，不得损伤护层，可采用无腐蚀性的润滑剂（粉）。

3.5.4.3 电缆排管在敷设电缆前，应进行疏通，清除杂物。

3.5.4.4 穿入管中电缆的数量应符合设计要求；交流单芯电缆不得单独穿入钢管内。

3.5.5 电缆构筑物中电缆的敷设。

3.5.5.1 电缆的排列应符合下列要求：

a）电力电缆和控制电缆不宜配置在同一层支架上。

b）高低压电力电缆，强电、弱电控制电缆应按顺序分层配置。

c）用户自行管理的电缆和配网公用电缆应分开配置。

3.5.5.2 并列敷设的电力电缆，其相互间的净距应符合设计要求。

3.5.5.3 电缆在支架上的敷设应符合下列要求：

a）交流三芯电力电缆，在普通支吊架上不宜超过 1 层；在桥架上不宜超过 2 层。

b）交流单芯电力电缆，应布置在同侧支架上，并加以固定。当按紧贴的正三角形排列时，应每隔 1m 用绑带扎牢。

3.5.5.4 电缆与热力管道、热力设备之间的净距，平行时不应小于 1m，交叉时不应小于 0.5m，当受条件限制时，应采取隔热保护措施。电缆通道应避开锅炉的看火孔和制粉系统的防爆门；当受条件限制时，应采取穿管或封闭槽盒等隔热防火措施。电缆不宜平行敷设于热力设备和热力管道的上部。在隧道、沟、浅槽、竖井、夹层等封闭式电缆通道中，不得含有可能影响环境温升持续超过 5℃的供热管路，严禁含有易燃气体或易燃液体的管道。

3.5.5.5 变电站电缆夹层内电缆相互交叉时应用门形支架将上层电缆架起来，遇到高压电缆不得从高压电缆下穿过，应通过门形支架从高压电缆上方通过。

3.5.5.6 在砖槽内敷设电缆时，在电缆敷设完毕后，应及时清除杂物，盖好盖板。必要时，还应将盖板缝隙密封。

3.5.5.7 当敷设的电缆在隧道井口处有被掉物砸伤的可能时应对电缆进行保护。

3.5.6 公用设施中电缆的敷设。

3.5.6.1 敷设于木桥上的电缆应穿管敷设。在其他结构的桥上敷设的电缆，应在人行道下设电缆沟或穿入由耐火材料制成的保护管或槽盒中。在人不易接触处，电缆可在桥上裸露敷设，但应采取避免太阳直接照射的措施。

3.5.6.2 悬吊架设的电缆与桥梁架构之间的净距不应小于 0.5m。

3.5.6.3 在经常受到震动的桥梁上敷设的电缆，应有防震措施。桥墩两端和伸缩缝处的电缆，应留有松弛部分。

3.5.6.3.1 敷设在桥梁上的电缆如经常受到震动，应加垫弹性材料制成的衬垫（如沙枕、弹性橡胶等）。桥墩两端和伸缩缝处应留有松弛部分，以防电缆由于桥梁结构胀缩而受到损伤。

3.5.6.3.2 敷设于木桥上的电缆应置于由耐火材料制成的保护管或槽盒中，管的拱度不应过大，以免安装或检修管内电缆时拉伤电缆。

3.5.6.3.3 露天敷设时应尽量避免太阳直接照射，必要时加装遮阳罩。

3.5.7 水底电缆的敷设。

3.5.7.1 水底电缆应是整根的。当整根电缆超过制造厂的制造能力时，可采用软接头连接。

3.5.7.2 通过河流的电缆，应敷设于河床稳定及河岸很少受到冲损的地方。

3.5.7.3 水底电缆的敷设，必须平放水底，不得悬空。当条件允许时，宜埋入河床 0.5m 以下。

3.5.7.4 水底电缆平行敷设时的间距不宜小于最高水位水深的 2 倍；当埋入河床以下时，其间距按埋设方式或埋设机的工作活动能力确定。

3.5.7.5 水底电缆引到岸上的部分应采用穿管或加保护盖板等保护措施，其保护范围，下端应为最低水位时船只搁浅及撑篙达不到之处；上端高于最高洪水位。在保护范围的下端，电缆应固定。

3.5.7.6 电缆线路与小河或小溪交叉时，应穿管或埋在河床下足够深处。

3.5.7.7 在岸边水底电缆与陆上电缆连接的接头，应装有锚定装置。

3.5.7.8 水底电缆的敷设方法、敷设船只的选择和施工组织的设计，应按电缆的敷设长度、外径、重量、水深、流速和河床地形等因素确定。

3.5.7.9 水底电缆敷设后，应作潜水检查，电缆应放平，河床起伏处电缆不得悬空，并测量电缆的确切位置。在两岸必须按设计设置标志牌。

3.5.8 电缆的架空敷设。

3.5.8.1 架空电缆悬吊点或固定的间距，应符合表 3-2 的规定。

3.5.8.2 架空电缆与公路、铁路、架空线路交叉跨越时，应符合表 3-9 的规定。

表 3-9 　　　　　　　　　　　交叉设施最小允许距离

交叉设施	最小允许距离（mm）	备　　　注
铁路	7500	
公路	6000	
电车路	3000	至承力索或接触线
	9000	至路面
弱电流线路	1000	
电力线路	1000	电压 1kV 以下
	2000	6～10kV
	3000	35kV
河道	6000	五年一遇洪水位
	1000	至最高航行水位的最高船桅顶
索道	1000	

3.5.8.3 架空电缆的金属护套、铠装及悬吊线均应有良好的接地，杆塔和配套金具应进行设计，符合规程和强度要求。

3.5.8.4 对于较短且不便直埋的电缆可采用架空敷设，架空敷设的电缆截面不宜过大，考虑到环境温度的影响，架空敷设的电缆载流量宜按小一规格截面的电缆载流量考虑。

3.5.8.5 支撑架空电缆的钢绞线应满足荷载要求，并全线良好接地，在转角处须打拉线或顶杆。

3.5.8.6 架空敷设的电缆不宜设置电缆中间头。

3.6 电缆附件的安装

3.6.1 一般规定和准备工作

3.6.1.1 电缆终端与接头的制作，应由经过培训的熟悉工艺的人员进行。

3.6.1.2 电缆终端及接头制作时，应严格遵守制作工艺规程。三芯电缆在电缆的中间接头处，电缆的铠装、金属屏蔽层应各自有良好的电气连接并相互绝缘；在电缆的终端头处，电缆的铠装、金属屏蔽层应分别引出接地线并应良好接地。

3.6.1.3 在室外制作 10kV 电缆终端与接头时，其空气相对湿度宜为 70%及以下；当湿度大时，可提高环境温度或加热电缆。

制作塑料绝缘电力电缆终端与接头时，应防止尘埃、杂物落入绝缘内。严禁在雾或雨中施工。

室内施工现场应备有消防器材。室内或隧道中施工应有临时电源。

3.6.1.4 电缆终端与接头应符合下列要求：

a）形式、规格应与电缆类型，如电压、芯数、截面、护层结构和环境要求一致。

b）结构应简单、紧凑，便于安装。

c）所用材料、部件应符合国家电力公司相关技术条件和国家相应技术标准要求。

d）电缆终端与接头主要性能应符合 GB/T 12706.1～GB/T 12706.4、IEC 60502-1～IEC 60502-4 及相关的其他产品技术标准的规定，符合国家电网公司技术条件的要求。

3.6.1.5 采用的附加绝缘材料除电气性能应满足要求外，尚应与电缆本体绝缘具有相容性。两种材料的硬度、膨胀系数、抗张强度和断裂伸长率等物理性能指标应接近。橡塑绝缘电缆应采用弹性大、黏接性能好的材料作为附加绝缘。

3.6.1.6 电缆线芯连接金具应采用符合标准的连接管和接线端子，其内径应与电缆线芯匹配，间隙不应过大，符合国家相关标准要求；截面宜为线芯截面的 1.2～1.5 倍。采用压接时，压接钳和模具应符合规格要求。

3.6.1.7 制作电缆终端和接头前，应熟悉安装工艺资料，做好检查，并符合下列要求：

a）电缆绝缘状况良好，无受潮进水。

b）附件规格应与电缆一致；零部件应齐全、无损伤；绝缘材料不得受潮；密封材料不得失效。

c）施工用机具齐全，便于操作，状况清洁，消耗材料齐备，清洁塑料绝缘表面的溶剂宜遵循工艺导则。

d）必要时应进行试装配。

e）通知建设单位和监理单位，以便对接头隐蔽工程进行现场验收。

f）电缆在接头前应按照国家电网公司技术条件要求对线芯外径、绝缘厚度和圆整情况、内外屏蔽厚度和表面光洁情况、填料、内外护层厚度、铜屏蔽和钢带搭接情况进行检验并填写电缆检验记录。

3.6.1.8　电力电缆接地线应采用铜绞线或镀锡铜编织线与电缆屏蔽层连接，其截面面积不应小于 25mm^2。对于铜线屏蔽的电缆，应用原铜线绞合后引出作为接地线。

3.6.1.9　电缆终端与电气装置的连接，应符合现行国家标准 GB 50149《电气装置安装工程　母线装置施工及验收规范》的有关规定。

3.6.2　安装要求

3.6.2.1　制作电缆终端与接头，从剥切电缆开始应连续操作直至完成，缩短绝缘暴露时间。剥切电缆时不应损伤线芯和保留的绝缘层。附加绝缘的包绕、装配、收缩等应清洁。

3.6.2.2　电缆终端和接头应采取加强绝缘、密封防潮、机械保护等措施。10kV 电力电缆的终端和接头，应有改善电缆屏蔽端部电场集中的有效措施，并应确保外绝缘相间和对地距离。

3.6.2.3　交联聚乙烯绝缘电缆在制作终端头和接头时，应彻底清除半导电屏蔽层。屏蔽层剥除时不得损伤绝缘表面，屏蔽端部应平整，绝缘层到屏蔽层的过渡应平滑，尽量减少绝缘表面毛刺及划痕，保持电缆绝缘表面光滑。清洁绝缘表面应使用专用清洁剂，并且应从绝缘开始向半导电屏蔽层方向擦洗。

3.6.2.4　电缆线芯连接时，应除去线芯和连接管内壁油污及氧化层。压接模具与金具应配合恰当。压缩比应符合要求。压接后应将端子或连接管上的凸痕修理光滑，不得残留毛刺。

3.6.2.5　三芯电力电缆接头两侧电缆的金属屏蔽层（或金属套）、铠装层应分别连接良好，不得中断，跨接线的截面积不应小于 25mm^2。直埋电缆接头的金属外壳及电缆的金属护层应做防腐处理。

3.6.2.6　三芯电力电缆终端处的金属铠装层必须接地良好；塑料电缆每相铜屏蔽和钢铠应锡焊接地线。电缆通过零序电流互感器时，电缆金属护层和接地线应对地绝缘，电缆接地点在互感器以下时，接地线应直接接地；接地点在互感器以上时，接地线应穿过互感器接地。

3.6.2.7　变电站内 10kV 单芯大截面电缆接地线采用电缆本体铜屏蔽线编织引出，压接相应截面接线端子然后接地的方法。变电站内 10kV 单芯大截面电缆线路只能采用单端接地的方式，另一端引出的铜屏蔽线保留 200mm 长并用绝缘带绝缘。应特别注意非接地端的接地线不能卡进电缆固定金具。

3.6.2.8　装配、组合电缆终端和接头时，各部件间的配合或搭接处必须采取堵漏、防潮和密封措施。铅包电缆铅封时应擦去表面氧化物；搪铅时间不宜过长，铅封必须密实无气孔。塑料电缆宜采用自粘带、粘胶带、胶粘剂（热熔胶）等方式密封；塑料护套表面应打毛，黏接表面应用溶剂除去油污，黏接应良好。

3.6.2.9　电缆终端与设备连接后，应检查、调整电缆的固定、位置、角度、接触面等部位，避免连接点承受应力。

3.6.2.10　电缆终端上应有明显的相色标志，且应与系统的相位一致。单芯电缆中间接头两侧应缠相色带，并宜装置相色标志牌。

3.7 电缆工程的验收

3.7.1 在电缆线路工程验收时，应按下列要求进行检查：

a）电缆型号规格应符合设计规定；排列整齐，无机械损伤；标志牌应装设齐全、正确、清晰。

b）电缆的固定、弯曲半径、有关距离和单芯电力电缆的金属护层的接线、相序排列等应符合设计要求。

c）电缆终端的相位标记应正确。电缆接线端子与所接设备端子应接触良好。

d）电缆线路所有应接地的接点应与接地极接触良好，接地电阻应符合设计要求。

e）电缆支架等的金属部件防腐层应完好。有防水、防火要求的电缆管口封堵应严密。

f）电缆沟内应无杂物、无积水，盖板齐全；隧道内应无杂物，照明、通风、排水等设施应符合设计要求。

g）直埋电缆路径标志，应与实际路径相符。路径标志应清晰、牢固。

h）防火措施应符合设计要求，且施工质量合格。

3.7.2 电缆线路施工过程中，应按 DL/T 5161.1～DL/T 5161.17 的有关规定进行质量检验及评定；隐蔽工程应由建设单位或监理单位在施工过程中进行中间验收，并做好签证。

3.7.3 电缆线路竣工后，应由相关单位按 GB 50150 的规定进行交接试验。

3.7.4 在电缆线路工程验收时，应提交下列资料和技术文件：

a）电缆线路路径的协议文件。

b）设计图纸、电缆清册、变更设计的证明文件和竣工图。

c）直埋电缆线路的敷设位置图，比例宜为 1:500。地下管线密集的地段不应小于 1:100，在管线稀少、地形简单的地段可为 1:1000；平行敷设的电缆线路，宜合用一张图纸。图上必须标明各线路的相对位置，并有标明地下管线的剖面图。

d）制造厂提供的产品说明书、试验记录、合格证件及安装图纸等技术文件。

e）电缆线路的原始记录，包括电缆的型号、规格及其实际敷设总长度及分段长度，电缆终端和接头的型式及安装日期。

f）电缆线路的施工记录。

g）隐蔽工程隐蔽前检查记录或签证。

h）电缆敷设记录。

i）电缆线路质量检验及评定记录。

j）电缆线路的试验记录。

第4章 10kV 配电设备施工及验收标准

4.1 基 本 原 则

4.1.1 施工、监理单位资质查验原则

施工单位企业资质应满足承揽的工程等级，管理人员及特殊工种（如安装电工、焊工、电缆工等）应按照相关规定持证上岗。

监理单位企业资质应满足承揽的工程等级，所配备的监理人员应满足工程专业特点的需要，持证上岗。

施工单位和监理单位均应在供电公司进行资质查验。

4.1.2 图纸审查

供配电工程在供电公司确定供电方案后，由设计单位根据供电方案进行图纸设计，完成设计后，由供电公司对图纸进行审核，施工单位根据审核合格的图纸进行工程施工。

4.1.3 设备、材料验收工作

工程所使用的设备、材料应经过检验，随机携带的质量证明文件齐全、真实，物品实体经检查验收合格后方可使用。

4.1.4 设备接入电网原则

凡是接入配电网由供电公司运行维护管理的设备均必须经过供电公司的认可，由供电公司验收合格后方可接入电网。

4.1.5 验收原则

施工单位在施工过程中，应按供电公司的要求进行中间检查和竣工验收，由用电单位提交中间检查和竣工验收的申请，供电公司根据申请进行中间检查和竣工验收。

4.2 一 般 规 定

4.2.1 高低压配电装置的设计、安装应符合国家标准、规程的要求，优先使用节能环保设备。

4.2.2 电气装置及设备在投运前应进行交接性试验。试验合格后方可接入电网。

4.2.3 设备到场后，应及时做以下中间检查：

a）是否包装及密封良好；

b）开箱检查清点，规格是否符合设计要求，备品、备件是否齐全；

c）产品技术文件是否齐全；

d）按有关规定进行外观检查。

4.2.4 与电气设备安装有关的建筑物施工，应符合下列要求：

a）与电气设备安装有关的建筑物、构筑物的建筑工程质量，符合国家现行的建筑工程施工及验收规范的优选规定。当设备及设计有特殊要求时，应符合其要求。

b）设备安装前，建筑工程应具备下列条件：

1）屋顶、楼板不得采用抹灰顶，并应做好可靠的防水处理，不得渗漏。

2）室内地面层施工完毕，应在墙上标出地面标高；在配电室内，设备底座及母线的架构安装后，做好抹光地面的工作；配电室的门窗安装完毕。

3）预埋件及预留孔符合设计要求，预埋件牢固。

4）进行装饰时有可能损坏已安装的设备或设备安装后不能再进行装饰的工作应全部结束。

5）混凝土基础及构支架达到允许安装的强度和刚度，设备支架焊接质量符合要求；模板、施工设施及杂物清理干净，并有足够的安装用地，施工道路通畅。基坑已回填夯实。

c）设备投入运行前，建筑工程应符合下列要求：

消除构架上的污垢，填补孔洞以及装饰等应结束；完成二次灌浆和抹面；保护性网门、栏杆及梯子等齐全；室外配电装置的场地应平整；受电后无法进行或影响运行安全的工作施工完毕。

4.2.5 隐蔽工程验收。

4.2.5.1 隐蔽工程应在施工阶段进行中间验收并做好阶段性验收记录。

4.2.5.2 主要检查项目。埋在结构内的各种电线导管；利用结构钢筋做的避雷引下线；接地极埋设与接地带连接处的焊接；均压带、金属门窗与接地引下线处的焊接或铝合金门窗的连接；不能进入吊顶内的电线导管及线槽、桥架的敷设。

4.2.5.3 检查内容。品种、规格、位置、标高、弯度、连接、跨接地线、防腐、需焊接部位的焊接质量、管盒固定、关口处理、敷设情况、保护层及与其他管线的位置关系等。

4.2.6 设备安装用的紧固件，除地脚螺栓外，应采用镀锌产品；户外用的紧固件应采用热镀锌产品；电气接线端子用的紧固件应符合 GB/T 5273—2016《高压电器端子尺寸标准化》的规定。

4.2.7 高压电器的瓷件质量，应符合 GB/T 772—2005 和有关电瓷产品技术条件的规定。

4.2.8 电气设备的施工及验收，除按相关规定执行外，还应符合国家现行的有关标准、规范的相关规定。

4.2.9 工程验收时应提交下列资料和文件：

a）施工图（包括全部施工及变更的图纸）；

b）隐蔽工程施工记录及验收记录；

c）设计变更的证明文件（设计变更、洽商记录）；

d）各种设备的制造厂提供的产品说明书、试验记录、合格证件及安装图纸等技术文件；

e）工程安装技术记录，包括电气设备继电保护及自动装置的定值，元件整定、验收、试验、整体传动试验报告；

f）电气设备的调整、试验（交接试验）、验收记录；

g）备品、备件及专用工具清单；

h）安全工器具、消防器材的清单；

i）有关协议文件。

4.3　配 电 变 压 器

4.3.1　油浸变压器

4.3.1.1　外观检查验收

4.3.1.1.1 变压器本体、冷却装置及所有附件螺栓紧固，外观无损伤。

4.3.1.1.2 变压器的铭牌数据完整、字迹清晰，相位及绕组的接线组别正确。

4.3.1.1.3 变压器一、二次引线连接时不应使套管受力。

4.3.1.1.4 变压器的保护接地、防雷接地应分开接地。变压器低压侧的中性线、变压器外壳连接后与接地体可靠焊接，高压侧避雷器短路后经下引线与接地体可靠焊接。

4.3.1.1.5 瓷套管表面洁净，无裂纹、损伤，充油套管无渗漏，油位指示应在 1/2～1/3 之间。

4.3.1.1.6 冷却器、油循环系统各个阀门均应打开。测量油温的温度计在运行前应进行校验。

4.3.1.1.7 温度计的密封应良好，温度报警装置动作应正确可靠。

4.3.1.1.8 变压器端子与铝母线连接时应采用铜铝过渡接头。

4.3.1.2　安装检查验收

4.3.1.2.1 10kV 及以下配电变压器的外廓与周围的栅栏或围墙之间的净距离不应小于 1.0m，在有操作的方向应留有 2.0m 以上的宽度。

4.3.1.2.2 落地式变压器台应为 1.5m×1.5m×1.5m，其周围应装设高度不低于 1.7m 的围墙或栅栏，栅栏间隔每栅不大于 100mm，并应在明显位置悬挂警告牌。

4.3.1.2.3 10kV 及以下变压器在室内安装时，变压器的外廓与门、壁的净距离应符合下列规定：变压器距门不应小于 1.0m，距墙不应小于 0.8m。在装有开关的情况下，操作方向应留有 1.2m 以上的宽度。

4.3.1.2.4 变压器安装在有除尘排风口的厂房附近时，净距离不应小于 5.0m。

4.3.1.2.5 杆上安装变压器底部离地面的距离不应小于 2.5m，固定应采用截面积不小于 35mm² 的钢绞线。

4.3.1.3　其他验收内容

4.3.1.3.1 配电变压器跌落式熔断器的上桩头至主导线引线选用截面积不小于 35mm² 的绝缘导线，绝缘导线用非楔型 "C" 形线夹连接。跌落式熔断器下桩头至配电变压器高压桩头引线选用截面积不小于 35mm² 的铜绝缘导线，铜绝缘导线与高压跌落式熔断器下桩头用铜设备线夹连接，与变压器高压桩头用一侧带丝扣的 "C" 形线夹连接。

4.3.1.3.2 配电变压器低压侧引线选用截面积不小于 185mm² 的绝缘导线，低压侧引线与低压主干线用非楔型"C"形线夹连接，低压侧引线与变压器低压桩头用一侧带丝扣的"C"形线夹连接。

4.3.1.3.3 避雷器的上引线应使用截面积不小于 $16mm^2$ 的铜绝缘导线。

4.3.1.3.4 变压器的出厂试验、交接试验和安装试验合格。

4.3.1.3.5 保护装置的整定值符合规定要求，操作及传动试验合格。

4.3.2 干式变压器

4.3.2.1 外观检查验收

4.3.2.1.1 变压器本体、冷却装置及所有附件应无碰伤缺陷。

4.3.2.1.2 油漆应完整，无脱落、皱皮现象，色相标志正确。

4.3.2.1.3 接地引下线及其与主接地网的连接应满足设计要求，接地连接应焊接可靠。

4.3.2.1.4 分接头的位置指示正确、符合运行要求。所有螺栓应紧固，并应有防松措施。

4.3.2.1.5 铁芯无变形，表面漆层完好，接地良好。

4.3.2.1.6 线圈的绝缘层完整，表面无变色、脆裂或击穿等缺陷。高、低压线圈无移动变位情形。

4.3.2.1.7 各组线圈应排列整齐、间隙均匀，线圈间、线圈与铁芯及铁芯与铁轭间的绝缘垫应完整、无松动。

4.3.2.1.8 引出线绝缘包扎紧固、绝缘良好，无破裂情况。引出线与套管之间连接牢靠、接触良好。引出线接线正确，电气距离符合要求。

4.3.2.2 其他验收内容

4.3.2.2.1 测温装置指示应正确，整定值符合要求。

4.3.2.2.2 变压器的相位及绕组的接线组别应符合要求。

4.3.2.2.3 冷却装置运行正常，联动正确。

4.3.2.2.4 变压器的全部电气试验应合格。

4.3.2.2.5 保护装置的整定值符合规定。

4.3.2.2.6 变压器的噪声应符合国家有关规定。

4.3.2.2.7 运行环境应符合运行技术条件。

4.4 配 电 室 的 验 收

4.4.1 配电室的土建

4.4.1.1 变压器及电容器室应有良好的通风，当自然通风不能满足要求时，应采用机械通风。变压器室不应开设窗户。通风口应采用金属百叶窗。百叶窗内侧应加装金属网，网孔不大于 6mm×6mm。进、出风口布置合理，防止出现通风死角，并有防雨措施。

4.4.1.2 在无吊顶的配电室内，正对大门的一面墙上安装一个排风扇（工业用排风扇采用百叶窗式，下同），大小依设计而定，在排风口处安装带滤网，并有防雨措施；在有吊顶的配电室内，排风扇应安装在吊顶上，在排风口处安装带滤网，并有防雨措施。

4.4.1.3 非封闭式开关柜的后方可采用不开启式窗采光，外侧应加防护网。

4.4.1.4　配电室临街的一面设置窗户,窗户的下檐对室外地面高度一般不小于 1.8m,外侧应加装防护网。

4.4.1.5　10kV 及以下变压器室,当采用地面下通风时,室内地面应比室外地面高出 1.1m。

4.4.1.6　装有 SF_6 开关柜的配电室必须装强排风装置,排风口应设在下方离地面 0.1m 处,排风扇电源开关应设在大门外。

4.4.1.7　800kVA 及以上的变压器和有载调压变压器室,变压器室应装有吊芯用的吊钩。

4.4.1.8　地下开关站、配电室室内地坪应比配电室基础所处的平层高 0.5m。

4.4.1.9　电缆进线须经桥架进入开关站、配电室内(暴露在户外的电缆要用桥架防护)。

4.4.1.10　电缆进线进入地下建筑物外墙时应高于户外地坪,防止电缆井存水直接进入地下室。

4.4.1.11　电缆不得直接进入开关站、配电室,建筑物外墙与配电室内墙之间孔洞高度落差应大于 0.1m(内墙高于外墙)。

4.4.1.12　开关站、配电室必须有抢修通道和设备物资运输通道并保证通道畅通。

4.4.1.13　位于地下的开关站、配电室在大楼主体墙内要单独建设墙体。

4.4.1.14　开关站、配电室内要建积水坑,并加装自动排水装置。如果有地下二层的,可不设积水坑,采用下水直接排往地下二层方式。地下的开关站、配电室不允许放在最底层。

4.4.2　配电室门的设置

4.4.2.1　配电室长度大于 7m 者应设有两个出口,一为设备进出门,一为人员进出门。配电室门应避开主要疏散口的两侧及消防通道和人员密集的房间。配电室长度小于 7m 时,可设一个门。门应设一个 500mm 高的防鼠挡板,材质为阻燃、防鼠板。

4.4.2.2　配电室设在地下室时,配电室所有的门,应垒 500mm 高、表面光滑的防鼠、防水墙。

4.4.2.3　配电室门应进行防锈、防火处理,并满足设备进出要求。门关闭后应具有良好的密封性能,通往室外的门应向外开,设备间与附属房间之间的门应向附属房间方向开,高压室与低压室之间的门应向低压室方向开。

4.4.2.4　移交供电公司管理的配电室按公用配电室验收规定执行。

4.4.3　配电室土建的中间检查

4.4.3.1　室内房顶符合房屋土建有关规定,不渗水、不脱皮。

4.4.3.2　室内地坪平整、无毛刺、无裂纹。

4.4.3.3　室内墙体涂白色涂料,墙体光滑、色调一致、无脱落、无裂纹。

4.4.4　设备安装前配电室建筑应具备的条件

4.4.4.1　屋顶、楼板施工完毕,不得渗漏水。

4.4.4.2　室内地面基础施工完毕,配电室内、设备底座及母线的构架安装后,做好抹光地面的工作,配电室的门窗安装完毕。

4.4.4.3　预埋件及预留孔符合设计要求,预埋件牢固,连接设备的接地扁钢应埋在地面以下。

4.4.4.4 混凝土基础及构件达到允许安装的强度和刚度，设备支架焊接质量符合要求。

4.4.4.5 基坑已回填夯实。

4.4.5 开关柜下的线沟及电缆沟

4.4.5.1 高、低压开关柜下的线沟深度和宽度应满足电缆弯曲半径的要求。

4.4.5.2 高压柜的线沟深 1.2m，宽 1.0m。

4.4.5.3 低压柜的线沟深 1.2m，宽 0.4m，且应与维护通道下的沟连通。

4.4.5.4 电缆隧道和夹层高度不应低于 1.8m，维护通道的净宽度不应小于 1.0m。

4.4.5.5 在空余的电缆沟上应设置盖板，盖板采用 5mm 厚的花纹钢板制作并采取防腐处理，每个盖板宽度不宜大于 500mm，长度与电缆沟的宽度相匹配，保证与地面平整。每个配电室至少有一个盖板上带有拉环（拉环在正常情况下与盖板持平），以方便掀盖。

4.4.6 配电装置的安全距离

4.4.6.1 开关柜设备离屋顶距离不小于 800mm。

4.4.6.2 室内配电装置的安全净距见表 4-1。

表 4-1　　　　　　　　　　　室内配电装置的安全净距　　　　　　　　　　mm

跨越或临近物体	0.4kV	10kV
1. 带电部分至接地部分之间 2. 网状和板状遮栏向上延伸线距地 2.3m 处	20	125
1. 不同相的带电部分之间 2. 断路器和隔离开关的断口两侧带电部分之间	20	125
1. 栅状遮栏至带电部分之间 2. 交叉的不同时停电检修的无遮栏带电部分之间	800	875
网状遮栏至带电部分之间	100	225
无遮栏裸导体至地（楼）面之间	2300	2425
平行的不同时停电检修的无遮栏裸导体之间	1875	1925
通向室外的出线套管至室外通道的路面	3650	4000

4.4.6.3 室外配电装置的安全净距见表 4-2。

表 4-2　　　　　　　　　　　室外配电装置的安全净距　　　　　　　　　　mm

跨越或临近物体	0.4kV	10kV
1. 带电部分至接地部分之间 2. 网状和板状遮栏向上延伸线距地 2.5m 处	75	200
1. 不同相的带电部分之间 2. 断路器和隔离开关的断口两侧带电部分之间	75	200
1. 栅状遮栏至带电部分之间 2. 交叉的不同时停电检修的无遮栏带电部分之间	825	950
网状遮栏至带电部分之间	175	300
无遮栏裸导体至地（楼）面之间	2500	2700
平行的不同时停电检修的无遮栏裸导体之间	2000	2200

4.4.6.4　电缆支架、桥架最上层及最下层与沟顶、楼板或沟底、地距离不宜小于表 4-3 的要求。

表 4-3　　　　电缆支架、桥架最上层及最下层与沟顶、楼板或沟底、地距离　　　　mm

敷设方式	电缆隧道及夹层	电缆沟	吊架	桥架
最上层至沟底或楼板	300～350	150～200	150～200	350～450
最下层至沟底或地面	100～150	50～100	—	100～150

4.4.7　高压配电室内通道要求

4.4.7.1　固定式开关柜为靠墙布置时，柜后与墙净距应大于 50mm，侧面与墙净距应大于 200mm。

4.4.7.2　开关柜不靠墙布置时，柜前后与墙的净距应满足表 4-4 的要求。

表 4-4　　　　　　　　开关柜不靠墙布置时与墙的净距　　　　　　　　mm

开关柜布置方式	柜后维护通道	柜前操作通道	
		固定式	手车式
单排布置	800	1500	单车长度+1200
双排面对面布置	800	2000	双车长度+900
双排背对背布置	1000	1500	单车长度+1200

注　通道宽度在建筑物的墙面遇有柱类局部凸出时，凸出部位的通道宽度可减少 200mm。

4.4.7.3　低压配电室内成排布置的配电屏，其屏前、屏后的通道最小宽度，应符合表 4-5 的要求。

表 4-5　　　　　　　　配电屏的屏前、屏后的通道最小宽度　　　　　　　　mm

型式	布置方式	屏前通道	屏后通道
固定式	单排布置	1500	1000
	双排面对面布置	2000	1000
	双排背对背布置	1500	1500
抽屉式	单排布置	1800	1000
	双排面对面布置	2300	1000
	双排背对背布置	1800	1000

注　通道宽度在建筑物的墙面遇有柱类局部凸出时，凸出部位的通道宽度可减少 200mm。靠墙安装的高压成套配电柜，柜后及侧面有出线者，距墙面应保持 0.6m 以上的距离。

4.4.8　配电室的照明等有关验收

4.4.8.1　配电室的照明装置应保证足够亮度并装设事故照明或应急照明灯。配电室的照明装置不应安装在设备的上方。

4.4.8.2　变压器及电容器室照明灯的开关应装在巡视间处，其他安装在进门后的非设备侧。

4.4.8.3 配电室应有适用于灭电气火灾的消防设施，并应放置在便于使用的地方。

4.4.8.4 配电室接地系统的接地电阻不大于 4Ω。

4.4.8.5 通往配电室的电缆沟、隧道、通风口应有防止小动物进入和雨水及地下水渗入的措施。

4.4.9 配电室（包括箱式变电站、环网柜、电缆分支箱）的交接标准

4.4.9.1 室内地面及墙角洁净、无杂物、无纸屑、无烟蒂，室内无废弃物。

4.4.9.2 配电室大门洁净、无浮尘、无锈屑，防鼠台上无浮尘、无油渍，门锁开启顺畅。

4.4.9.3 工具柜摆平放正，柜体外表洁净、无浮尘。柜内操作工具按由上层至下层、从小到大摆放整齐。

4.4.9.4 电气一次模拟图版与实际电气设备现状一致，并且规范。

4.4.9.5 室内墙体表面洁净。在大门处一侧安装开关站定置图及进入开关站的注意事项。

4.4.9.6 电气设备表面洁净、无浮尘、无污渍。

4.4.9.7 室内照明灯具安装牢固，通风照明良好。

4.4.9.8 电缆沟内无杂物、无积水。

4.4.9.9 在配电房、箱式变电站、环网柜、电缆分支箱的门上应有采用 0.8mm 厚不锈钢材质制作的设备名称标牌及注意事项。室外应符合市政要求，并与周围环境相协调。

4.4.9.10 高压柜前、后应有设备序号牌、设备名称。

4.4.9.11 配电室内应配备电气设备模拟图版、操作工具柜、绝缘胶垫、绝缘隔板、接地线、绝缘手套、高压验电笔，并按消防规定配备足够的灭火器（不少于两个）、灭火器箱一个、拖把两把、各种警示牌（如"禁止合闸，有人工作""在此工作，非值班员禁止操作"等）、1.6m 高木质方梯一个。

4.4.9.12 专用配电室与需移交管理的公用配电室之间必须隔离，且各自有独立的通道。

4.4.10 配电室内高、低压柜的安装工艺及验收原则

4.4.10.1 高压柜的安装

4.4.10.1.1 适用范围。

本款内容适用于 10kV 开关柜的安装，包括电源进线柜、变压器柜、馈线柜、电压互感器柜、站内柜、母联柜等。

4.4.10.1.2 工艺流程。

4.4.10.1.2.1 施工准备。

4.4.10.1.2.2 10kV 高压柜安装。

4.4.10.1.2.3 10kV 高压柜电气元件检查调试。

4.4.10.1.2.4 试运验收。

4.4.10.1.3 操作工艺。

4.4.10.1.3.1 稳装前应对 10kV 高压开关柜的基础进行检查复测，检查项目包括：

a）核对基础埋件及预留孔洞应符合设计要求。

b）10kV 高压开关柜的基础槽钢应符合：基础槽钢的不直度应不大于 1mm/m，全长不大于 5mm；基础槽钢的水平度应不大于 1mm/m，全长不大于 5mm；基础槽钢的位置误差及不

平行度全长应不大于 5mm。

c）每段基础槽钢的两端必须有明显的接地。

4.4.10.1.3.2 基础型钢安装、测试、调整：

a）确认型钢已经调直、除锈，刷防锈底漆，并已干燥。

b）在现场进行组装时，首先应将型钢点焊在基础预埋铁上，用水准仪找平、校正。焊点处需用垫片的地方，垫片最多不超过 3 片。正式施焊时，应从中间开始，向两侧对角展开。在施焊过程中应经常检查，发现误差及时纠正。焊后清理、打磨、补刷防锈漆。

c）基础型钢尺寸按设计要求，安装允许偏差见表 4-6。

表 4-6　　　　　　　　　　　　　　　**基础型钢安装允许偏差**

项目		允许误差（mm）	检验方法
基础型钢	顶部平直度每米/全长	1/5	拉线，尺寸检查
	侧面平直度每米/全长	1/5	

d）基础型钢与接地母线连接，将接地扁钢引入并与基础型钢两端焊牢。焊缝长度为接地扁钢宽度的 2 倍，三面施焊。

4.4.10.1.3.3 10kV 高压开关柜安装前的检查：

a）10kV 高压开关柜外观完好，漆面完整，无划痕、脱落。

b）框架无变形，装在盘、柜上的电器元件无损坏。

c）10kV 高压开关柜的电器元件型号符合设计图纸的要求。

d）10kV 高压开关柜按照装箱单核对，备品、备件齐全。

4.4.10.1.4 10kV 高压开关柜的安装。

4.4.10.1.4.1 依据电器安装图，核对主进线柜与进线套管位置相对应，并将进线柜定位，柜体找正应符合：垂直误差小于 1.5mm/m，最大误差小于 3mm；侧面垂直误差小于 2mm。

4.4.10.1.4.2 进线柜定位后，将柜体与基础型钢固定牢固（不许焊接）。

4.4.10.1.4.3 相对排列的柜以跨越母线柜为准进行对面柜体的就位，保证两柜相对应，其左右偏差小于 2mm。

4.4.10.1.4.4 其他柜依次按顺序安装并用螺栓连接紧固，其质量要求应符合：垂直度小于 1.5mm/m；水平偏差，相邻两盘顶部小于 2mm，成列盘顶部小于 5mm；盘间不平偏差，相邻两盘边小于 1mm，成列盘面小于 5mm；盘间接缝小于 2mm。

4.4.10.1.4.5 整体安装后各尺寸符合规范、规程要求，将柜体与基础槽钢固定牢固。

4.4.10.1.4.6 柜内接地母线与接地网可靠连接，接地材料规格不小于设计规定，每段柜接地引下线不少于两点。

4.4.10.1.5 手车式开关柜的安装。

4.4.10.1.5.1 "五防"装置齐全、符合相应逻辑关系，"五防"装置动作灵活可靠。

4.4.10.1.5.2 手车推拉灵活轻便，无卡阻、碰撞现象，相同型号的手车应能互换。

4.4.10.1.5.3 手车推入工作位置后，动、静触头接触应严密、可靠。

4.4.10.1.5.4 手车和柜体间的二次回路连接插件应接触良好。

4.4.10.1.5.5 安全隔离板开启灵活，随手车的进出而相应动作。

4.4.10.1.5.6 柜内控制电缆应固定牢固，不应妨碍手车的进出。

4.4.10.1.6 环网柜的安装。

4.4.10.1.6.1 基础及预埋槽钢接地良好，符合设计要求。基础水平误差应保证在±1mm/m范围内，总误差在±5mm范围内，产品有特殊安装要求时，执行产品要求。

4.4.10.1.6.2 基础位置、预留孔洞复测后，找出各个单元基础轴线，并做好标志，以每个单元中心线为坐标轴 Y，以母线筒中心线为坐标轴 X。

4.4.10.1.6.3 环网柜各单元按正确的顺序码放就位。

4.4.10.1.6.4 对于单元整体的环网柜，将其运至预定位置，找正后与基础固定。每单元现场组装的环网柜，自边柜开始顺序组装，然后依据设计图纸及厂家技术资料按单元的前后顺序组装。

4.4.10.2 高压柜的验收

4.4.10.2.1 主控项目。

4.4.10.2.1.1 柜、屏的金属框架及基础型钢必须接地（PE）或接零（PET）可靠；装有电器可开启屏门和框架的接地端子间应用软铜线连接，软铜线截面积不应小于 2.5mm^2，还应满足机械强度的要求，并做好标识。

检验方法：观察、检查接地线。

4.4.10.2.1.2 高压成套配电柜、控制柜（屏）应有可靠的电击保护。柜（屏）内保护导体应有裸露的连接外部保护导体的端子，当设计无要求时，柜（屏）内保护导体最小截面积 S_p 不应小于表 4-7 的规定。

表 4-7 保护导体最小截面积 mm^2

相线的截面面积 S	相应保护导体的最小截面积 S_p
$S \leqslant 16$	S
$16 < S \leqslant 35$	16
$35 < S \leqslant 400$	$S/2$
$400 < S \leqslant 800$	200
$S > 800$	$S/4$

检验方法：做电击试验和实测。

4.4.10.2.1.3 手车、抽出式成套配电柜推拉应灵活，无卡阻碰撞现象。动触头与静触头的中心线应一致，且触头接触紧密。投入时，接地触头先于主触头接触；退出时，接地触头后于主触头脱开。

检验方法：观察检查。

4.4.10.2.1.4 高压成套配电柜必须按现行国家标准 GB 50150 的规定交接试验合格且应符合下列规定：

a）继电保护元器件、逻辑元件、变送器和控制用计算机等单独校验合格，整组试验动作正确，整定参数符合设计要求。

b）凡经法定程序批准，进入市场投入使用的新型高压电气设备和继电保护装置，按产品技术文件要求交接试验。

检验方法：检查试验调整记录。

c）直流屏交接试验，交流工频耐压必须大于 1kV。当绝缘电阻值大于 10MΩ 时，用 2500V 绝缘电阻表摇测 1min 后，无闪络击穿现象。

直流屏试验，应将屏内电子器件从线路上退出，检测主回路电阻值应大于 0.5MΩ。蓄电池组充放电、整流器的控制调整及输出特性试验应符合产品技术文件要求。

检验方法：检查试验调整记录。

d）柜、屏间线路的线间和线对地间绝缘电阻值，馈电线路必须大于 0.5MΩ；二次回路必须大于 1MΩ。

检验方法：实测和检查接地记录。

4.4.10.2.2　一般项目。

4.4.10.2.2.1　柜、屏相之间与基础型钢应用镀锌螺栓连接，且防松动零件齐全。

检验方法：观察检查。

4.4.10.2.2.2　柜、屏内检查试验应符合下列规定：

a）控制开关及保护装置的规格、型号符合设计要求。

b）闭锁装置动作准确可靠。

c）主开关的辅助开关切换动作与主开关动作一致。

d）柜、屏上的标识器件应标明被控设备编号、名称或操作位置。接线端子有编号，且清晰工整，不易褪色。

e）48V 及以下回路可不做交流工频耐压试验，回路中的电子元件不需做交流工频耐压试验。

检验方法：检查试验调整记录。

4.4.10.2.2.3　低压电器应符合下列规定：

a）发热元件安装在散热良好的位置。

b）熔断器的熔体规格、自动开关的整定值符合设计要求。

c）切换压板接触良好，相邻压板间有安全距离。切换时不能触及相邻压板。

d）信号回路的信号灯、按钮、光字牌、电铃、电笛、事故电钟等动作和信号显示准确。

e）端子排安装牢固，端子有序号。强电、弱电端子隔离布置，端子规格与芯线截面大小适配。

检验方法：观察检查。

4.4.10.2.2.4　柜、屏间配线：

a）电流回路应采用额定电压不低于 750V、芯线截面积不小于 2.5mm^2 的铜芯绝缘电线或电缆，除电子元件回路，其他回路应采用额定电压不低于 750V、芯线截面积不小于 1.5mm^2 的铜芯绝缘电线或电缆。

b）二次回路连线应成束绑扎，不同电压等级、交流、直流线路及计算机控制线路应分别绑扎，且有标识。固定后不应妨碍手车开关或抽出式部件的拉出或推入。

检验方法：观察检查。

4.4.10.2.2.5　连接柜、屏面板上的电器及控制台、板等可动部位电线应符合下列规定：

a）采用多股铜芯软电线，敷设长度留有适当裕量。

b）线束有外套塑料管等加强绝缘保护层。

c）与电器连接时，端部绞紧，且有不开口的终端端子或搪锡，不松散、不断股。

d）可转动部位的两端用卡子固定。

4.4.11 配电室内接地装置的安装及验收原则

4.4.11.1 适应范围
适用于 10kV 开关站、配电室内接地装置的安装。

4.4.11.2 工艺流程
工艺流程为：①施工准备；②地线引出端测试；③接地装置制作；④防腐处理、刷漆；⑤现场检查；⑥测量阻值。

4.4.11.3 施工准备

4.4.11.3.1 技术准备：

a）按照已批准的施工组织设计（施工方案）进行技术交底。

b）按施工图设计接地装置的位置进行放线、确定线路，并复核符合设计要求。

c）接地装置安装前，应现场复核接地干线支架安装和保护套管的预埋情况，经验收符合设计要求。

d）接地装置的安装应配合建筑工程的施工，隐蔽部分必须在覆盖前，会同有关单位做好中间检查及验收记录。

e）如接地电阻达不到标准要求时，不允许使用降阻剂，须以增加接地极的形式满足标准要求。

4.4.11.3.2 电气装置的下列金属部位，均应做好接地：

a）电机、变压器、电动工具等的金属底座和外壳。

b）电气设备的金属传动装置。

c）钢筋混凝土构架以及靠近带电部分的金属遮栏或金属网门。

d）配电盘、箱、柜、保护屏、操作台等的金属框架。

e）电力电缆终端盒、金属膨胀器、电缆金属护层、电缆保护管等。

f）电缆桥架、支架和井架。

g）架构和设备支架。

h）电气设备的底座，设备安装的基础埋件。

i）封闭母线的外壳、SF_6 封闭式组合电器的金属箱体。

4.4.11.4 人工接地体的安装
人工接地体（极）安装分为垂直安装和水平安装两种。

a）根据设计要求的数量、材料规格进行加工，材料应采用热镀锌钢管、角钢和接地钎子，长度不应小于 2.5m，接地装置的导体截面应符合热稳定和机械强度要求。埋入地下的接地体不得采用裸铝导体。

b）如采用钢管打入地下，应根据土质将钢管头部加工成一定的斜面形。为了避免打入时受力不均使管子歪斜，也可加工成扁尖形；遇土质很硬时，可将尖端加工成锥形。如选用角钢时，应采用不小于 50mm×50mm×5mm 的角钢，切割长度不应小于 2.5m，角钢的一端应加工成尖头形状。水平接地体宜采用镀锌扁钢，没有设计要求时其规格不应小于 50mm×5mm。

c）接地体埋设深度应符合设计要求，当无规定时，不应小于 0.6m。接地体引出线与接地线的焊接口应在地面以下 0.4m，表面除锈并做好防腐处理。

d）接地体（线）的连接应采用焊接，焊接处焊缝应饱满并有足够的机械强度，不得有夹渣、咬肉、裂纹、虚焊、气孔等缺陷，焊接处的药皮敲净后，刷沥青做防腐处理。

e）采用搭接焊时，其焊接长度如下：

——镀锌扁钢不小于其宽度的 2 倍，三面施焊（当扁钢宽度不同时，搭接长度以宽的为准）。敷设前扁钢需调直，煨弯不得过死，直线段上不应有明显弯曲，并应立放。

——镀锌圆钢焊接长度为其直径的 6 倍并应双面施焊（当直径不同时，搭接长度以直径大的为准）。

——镀锌圆钢与镀锌扁钢连接时，其长度为圆钢直径的 6 倍。

——镀锌扁钢与镀锌钢管（或角钢）焊接时，为了连接可靠，除应在其接触部位两侧进行焊接外，还应直接将扁钢本身弯成弧形（或直角形）与钢管（或角钢）焊接。

——垂直接地体长度不应小于 2.5m，相互之间间距一般不应小于 5m。

4.4.11.5　接地体安装的现场检查

a）施工完毕应进行自检、互检及专项检查，焊接质量应符合规范要求。

b）接地装置的安装应配合建筑工程施工完成，隐藏工程部分做好签证验收并做好记录。

4.4.11.6　接地体安装质量验收检查

接地体安装质量验收时，应按下列要求进行检查：

a）接地网连接可靠，接地线规格正确，防腐层完好，标志齐全明显。

b）全站同一设备的接地线配置应整齐一致。

c）接地线的弯曲不能采用热处理，弯曲半径应符合规程要求，弯曲部位无裂痕、无变形。

d）接地线刷漆颜色为黄绿相间，其顺序为从左至右先黄后绿，从里至外先黄后绿。

e）接地电阻值及设计要求的其他测试参数符合设计规定。在验收时，应完整提交下列资料和文件：施工图纸、设计洽商、变更文件、施工验评记录、接地电阻测试报告。

f）本站地网应在与其他地网或接地线连接前测试。

g）当建筑物与开关站或配电室共同使用建筑物接地网时，建筑物接地网必须满足开关站或配电室对接地网的阻值和动、热稳定的要求。建筑物接地网与配电室至少应有两个方向的连接，与开关站至少应有四个方向的连接。

4.4.11.7　接地装置验收

4.4.11.7.1　主控项目。

4.4.11.7.1.1　材料的质量符合设计要求；接地装置的接地电阻值必须符合设计要求。

4.4.11.7.1.2　接至电气设备、器具和可拆卸的其他非带电金属部件接地的分支线，必须直接与接地干线相连，严禁串联连接。

检验方法：实测或检查接地电阻测试记录。观察检查或检查安装记录。

4.4.11.7.2　一般项目。

4.4.11.7.2.1　接地（接零）线敷设：

a）平直、牢固，固定点间距均匀，跨越建筑物变形缝有补偿装置，穿墙有保护管，油漆防腐完整。

b）焊接连接的焊缝平整、饱满，无明显气孔、咬肉等缺陷；螺栓连接紧密、牢固，有防松措施。

检验方法：观察检查。

4.4.11.7.2.2 接地体安装：位置正确，连接牢固，接地体埋设深度距地面不小于 0.6m。隐蔽工程记录齐全、准确。

检验方法：检查隐蔽工程记录。

4.4.11.7.3 允许偏差项目：

1）搭接长度不小于 2*b*；圆钢不小于 6*D*；圆钢和扁钢不小于 6*D*（注：*b* 为扁钢宽度；*D* 为圆钢直径）。

2）扁钢搭接焊接 3 个棱边，圆钢焊接双面。

4.4.12 变压器验收

4.4.12.1 主控项目：

a）变压器安装应位置正确、附件齐全，油浸变压器油位正常，无渗油现象。

检验方法：观察检查和检查安装记录。

b）接地装置引出的接地干线与变压器的低压侧中性点直接连接；变压器箱体、干式变压器的支架或外壳应接地（PE）；所有连接应可靠。紧固件及防松零件齐全。

检验方法：观察检查和检查接地记录。

4.4.12.2 一般项目：

a）调压开关的传动部分润滑应良好，动作灵活，点动给定位置与开关实际位置一致。

检验方法：观察检查和检查安装记录。

b）绝缘件应无裂纹、缺损和瓷件瓷釉损坏等缺陷，外表清洁，测温仪表指示准确。

检验方法：观察检查和检查安装记录。

c）装有滚轮的变压器就位后，应将滚轮用能拆卸的制动部件固定。

检验方法：观察检查。

d）变压器按产品技术文件要求进行器身检查。

检验方法：查看变压器外观有无受损。

e）装有气体继电器的变压器顶盖，沿气体继电器的气流方向有 1.0%～1.5%的升高坡度。

检验方法：实测和检查安装记录。

4.4.13 母线验收

4.4.13.1 主控项目：

a）绝缘子的底座、保护网（罩）及母线支架等可接近裸露导体并应接地可靠，但不应作为接地（PE）或接零（PEN）的接续导体。

检验方法：观察检查。

b）母线与母线或母线与电器接线端子，当采用螺栓搭接连接时，应符合下列规定：

1）母线的各类搭接连接的钻孔直径和搭接长度符合规定，用力矩扳手拧紧钢制连接螺栓的力矩值符合规定。

2）母线接触面保持清洁，除去氧化层并涂电力复合脂，螺栓孔周边无毛刺。

3）连接螺栓两侧有平垫圈，相邻垫圈间有大于 3mm 的间隙，螺母侧装有弹簧垫圈或锁紧螺母，弹簧垫应压平。

4）螺栓受力均匀，不使电器的接线端子受额外应力。

5）铜铝导体连接方法符合铜铝过渡的要求。

检验方法：观察检查和实测或检查安装记录。

c）室内裸母线的最小安全净距应符合相关的规定。

检验方法：观察检查和检查安装记录。

d）高压母线交流工频耐压试验必须按现行国家标准 GB 50150 的规定交接试验合格。

检验方法：检查试验记录。

4.4.13.2　一般项目：

a）母线的支架与预埋铁件采用焊接固定时，焊缝应饱满；采用膨胀螺栓固定时，选用的螺栓应适配，连接应牢固。

检验方法：观察检查。

b）母线与母线、母线与电器接线端子搭接，搭接面的处理应符合相关规定。

c）母线的相序排列及涂色，当设计无要求时应符合母线的涂色规定。

检验方法：观察检查。

4.4.14　直流设备验收

4.4.14.1　主控项目。

4.4.14.1.1　直流设备电气元件安装的检查：

a）型号、规格应符合设计要求，外观应完好，且附件齐全，排列整齐，固定牢靠，密封良好。

b）各电气元件应能单独拆装更换而不影响其他电气元件及导线束的固定。

c）发热元件应安装在散热良好的地方。

d）熔断器的熔体规格、自动开关的整定值应符合设计要求。

e）切换压板应接触良好，相邻压板间应有足够的安装距离。切换时，不应碰撞相邻的压板；对于一端带电的切换压板，应在压板断开的情况下，活动端不带电。

f）信号灯、光字牌、电铃、电笛、事故电钟等应正确显示，工作可靠。装置性设备或其他有接地要求的电器，外壳应可靠接地。

g）带有照明的封闭式盘、柜应保证照明完好。

4.4.14.1.2　端子排安装检查：

a）端子排应无损坏，固定牢靠、绝缘良好。

b）端子应有序号，端子排应便于更换且接线方便；离地高度宜大于 350mm。

c）回路电压若超过 400V，端子排应有足够的绝缘并涂以红色标志。

d）强、弱电端子应分开布置。

e）正、负电源及经常带电的正电源与合闸电源或跳闸回路之间，应由一个空端子隔开。

f）电流电压回路端子应为实验端子，信号回路端子应为可开断端子。

g）接线端子应与导线截面匹配。

4.4.14.1.3　直流设备内装材的检查：

a）二次回路的连接件均应采用铜制制品，绝缘件应采用自熄性阻燃材料。

b）直流设备的正面及背面各电器、端子牌等应标明编号、名称、用途及操作位置，其字迹应请晰、工整，且不易褪色。

c）直流设备上的小母线应采用直径不小于 6mm 的铜棒或铜管，小母线两侧应有标明其代号或名称的绝缘标志牌，字迹应清晰、工整且不易褪色。

d）二次回路的电气间隔和爬电距离应符合表 4-8 的要求。

表 4-8 二次回路的电气间隔和爬电距离

额定电压 U（V）	电气间隙（mm）		爬电距离（mm）	
	额定工作电流		额定工作电流	
	≤63A	>63A	≤63A	>63A
≤60	3	5	3	5
60<U≤300	5	6	6	8
300<U≤500	8	10	10	12

e）屏顶上的小母线不同相或不同极的裸露载流部分之间，裸露载流部分与未经绝缘的金属体之间，电气间隙不得小于 12mm，爬电距离不得小于 20mm。

4.4.14.2 一般项目。

a）二次回路接线按图施工，接线正确。

b）使用绝缘电阻表测量二次回路绝缘电阻。

c）导线与电气元件间采用螺栓连接、插接、焊接或压接等，均应牢固可靠。

d）电流设备的导线不应有接头，导线芯线应无损伤。

e）配线应整齐、清晰、美观，导线绝缘应良好、无损伤。

f）每个接线端子的每侧接线宜为 1 根，不得超过两根。对于插接式端子，不同截面的两根导线不得接在同一端子上；对于螺栓连接端子，当接两根导线时，中间应加平垫片。

g）二次回路接地应设专用螺栓。

h）对导线的要求：

1）直流设备的配线电流回路应采用电压不低于 500V 的铜芯绝缘导线，其截面积不得小于 2.5mm^2。

2）控制回路截面积不应小于 1.5mm^2。

3）弱电回路采用锡焊连接时，在满足载流量、电压降和机械强度的情况下，可采用不小于 0.5mm^2 截面积的绝缘导线。

i）用于连接门上的电器、控制台板的可动部位的导线应符合下列要求：

1）应采用多股软导线，敷设长度应有适当的裕度。

2）线束应有外套塑料管等加强绝缘层。

3）与电器连接时，端部应纹紧，并应加终端附件或搪锡，不得松散、断股。

4）可动部位两端应用卡具固定。

4.4.15 支架（桥架）安装验收

4.4.15.1 主控项目。

a）金属电缆桥架及其支架全长应不少于两处与接地（PE）或接零（PEN）干线相连接；

b）非镀锌电缆桥架间连接板的两端跨接铜芯接地线，接地线最小允许横截面积不小于

$4mm^2$；

c）镀锌电缆桥架间连接板的两端不跨接接地线，但连接板两端不少于两个有防松螺帽或防松垫圈的连接固定螺栓。

4.4.15.2 一般项目。

电缆桥架安装应符合下列规定：

a）直线段钢制电缆桥架长度超过 30m、铝合金或玻璃钢制电缆桥架长度超过 15m，设有伸缩节；电缆桥架跨越建筑物变形缝处设置补偿装置。

b）电缆桥架转弯处的弯曲半径，不小于桥架内电缆最小允许弯曲半径。

c）当设计无要求时，电缆桥架水平安装的支架间距为 1.5～3m；垂直安装的支架间距不大于 2m。

d）桥架与支架间螺栓、桥架连接板螺栓固定紧固无遗漏，螺母位于桥架外侧。当铝合金桥架与钢支架固定时，有相互间绝缘的防电化腐蚀措施。

e）电缆桥架敷设在易燃爆气体管道和热力管道的下方，当设计无要求时，与管道的最小净距，符合表 4-9 的规定。

表 4-9　　　电缆桥架敷设在易燃易爆气体管道和热力管道下方时与管道的最小净距

管道类别		平行净距（m）	交叉净距（m）
一般工艺管道		0.4	0.3
易燃易爆管道		0.5	0.5
热力管道	有保温层	0.5	0.3
	无保温层	1.0	0.5

f）敷设在竖井内和穿越不同防火区的桥架，按设计要求位置，有防火隔堵措施。

g）支架与预埋件焊接固定时，焊缝饱满；膨胀螺栓固定时，选用螺栓适配，螺栓紧固，防松零件齐全。

4.5　箱 式 变 电 站

箱式变电站是在一个或一组封闭的壳体内选用节能和环保型元件（主要包括电力变压器、高压开关设备和控制设备、低压开关设备和控制设备）采用电缆、母线等在工厂内进行相应的连接预装整体的电气设备。

4.5.1 10kV 箱式变电站包括美式和欧式两种结构形式：

a）将高压负荷开关、熔断器与变压器本体安装在同一个密闭的油箱内，并设有独立低压电气室结构形式的箱式变电站，称美式箱变，又称组合式变压器。

b）将变压器、负荷开关、低压电器等设备采用隔板或移门分隔的结构形式，共同安装于同一个外壳箱体内，不同设备之间采用电缆、母线连接的箱式变电站，称欧式箱变，又称预装式变压器。

4.5.2 土建、外观等检查验收。

4.5.2.1 柜体土建基础应与设计图纸相符，下进线加电缆隔层，基础周围回填土应分层夯实，做里外防水处理。表面处理光滑，并设有操作平台。

4.5.2.2 箱式变电站箱壳内高、低压室应设有照明灯。

4.5.2.3 箱式变电站箱壳应有防尘、防凝露措施。变压器室应通风良好，高、低压室湿度不应超过 90%（25℃）。

4.5.2.4 箱壳应有隔热、防辐射、防雨、防锈、防小动物进入等措施或装置。

4.5.2.5 箱壳门应向外开，应有把手、暗闩和外挂锁，暗闩和外挂锁应有防锈、防雨措施。

4.5.3 其他验收内容。

4.5.3.1 箱式变电站箱壳不论采用金属的或非金属的材料，箱体金属框架均应有良好的两点接地，有接地端子并标明接地符号。

4.5.3.2 箱式变电站高压配电装置应具有防止误拉（合）开关设备、带负荷拉（合）隔离开关、带电挂地线、带地线合闸和工作人员误入带电间隔的"五防"措施。

4.5.3.3 负荷开关和熔断器之间应有可靠的联锁。

4.5.3.4 箱式变电站箱体门内侧应附有相应的主回路线路图、控制线路图、操作程序及注意事项。

4.5.3.5 箱式变电站的零母线截面积应不小于主母线截面积的 1/2。当主母线截面积在 50mm² 以下时，零母线与主母线截面积相同。

4.5.3.6 所有高、低压出线电缆孔洞应封牢。

4.5.3.7 电容补偿开关应在自动投入状态且整定范围正确。

4.6 环网柜及电缆分支箱

环网柜按使用场所可分为户内、户外环网柜。一般户内环网柜采用间隔式，称为环网柜；户外环网柜采用组合式，称为户外环网单元。

电缆分支箱是为完成配电系统中电缆线路的汇集和分接功能，不配置开关，不具备控制、测量等二次辅助配置的专用电气连接设备。

4.6.1 通用技术参数。

4.6.1.1 环网柜的设计应保证设备运维、检修试验、带电状态的确定、连接电缆的故障定位等操作能安全进行。

4.6.1.2 环网柜的设计应能在允许的基础误差和热胀冷缩的热效应下不致影响设备所保证的性能，并满足与其他设备连接的要求，与结构相同的所有可移开部件和元件在机械和电气上应有互换性。

4.6.1.3 环网柜外形推荐尺寸要求：断路器柜、负荷开关柜和组合电器柜（宽×进深×高）不大于 500mm×800mm×1750mm，TV 柜（宽×进深×高）不大于 700mm×800mm×1750mm。

4.6.1.4 应配置带电显示器（带二次核相孔、按回路配置），应能满足验电、试验、核相的要求。

4.6.1.5 环网柜内每路电缆宜配置具有电缆故障报警和电缆终端测温功能的"二遥"电缆故障指示器，并具有远传功能。

4.6.1.6 采用 SF₆ 气体绝缘的环网单元每个独立的 SF₆ 气室应配置气体压力指示装置，具有低气压分合闸闭锁功能。

4.6.1.7　实施配电自动化的环网单元应具备手动和电动操作功能，操作电源可采用直流 48V、110V 或交流 110V、220V，进出线柜装设 3 只电流互感器、1 只零序互感器（必要时），设置二次小室。

4.6.2　充气柜技术参数应符合 DL/T 728 的规定，并满足以下条件。

4.6.2.1　采用 SF_6 气体作为灭弧介质的环网单元应装设 SF_6 气体监测设备（包括密度继电器，压力表），且该设备应设有阀门，以便在不拆卸的情况下进行校验。SF_6 气体压力监测装置应配置状态信号输出触点。

4.6.2.2　SF_6 气体质量应满足 GB/T 12022《工业六氟化硫》的要求。充气柜应设置用来连接气体处理装置和其他设备的合适连接点（阀门），并可对环网单元进行补气。

4.6.2.3　气箱箱体应采用厚度不小于 2.0mm 的 S304 不锈钢板或优质碳钢弯折后焊接而成，气箱防护等级应满足 GB 4208 规定的 IP67 要求。SF_6 气体作为灭弧介质的气箱应能耐受正常工作和瞬态故障的压力而不破损。

4.6.2.4　除二次小室外，在高压室、母线室和电缆室均应设有排气通道和泄压装置，当内部产生故障电弧时，泄压通道应自动打开，释放内部压力，释放的电弧或气体不得危及操作及巡视人员人身安全和其他环网单元设备安全。

4.6.2.5　环网柜的柜体应采用不小于 2mm 的敷铝锌钢板或不锈钢板弯折后拼接而成，柜门关闭时防护等级应不低于 GB 4208 中 IP4X，柜门打开时防护等级不低于 IP2XC。

4.6.3　外箱体技术要求。

4.6.3.1　外箱体应采用厚度不小于 2mm、性能不低于 S304 的不锈钢或其他金属材质、GRC 材料（玻璃纤维增强水泥）等材料，外壳应有足够的机械强度，在起吊、运输和安装时不应变形或损伤。外箱体防护等级应不低于 IP43。

4.6.3.2　金属材质外箱体应采取防腐涂覆工艺处理，涂层均匀、厚度一致，涂层应有牢固的附着力，保证 15 年不出现明显可见锈斑，箱体外壳具有防贴小广告功能。

4.6.3.3　外箱体颜色应与周围环境相协调，宜选用国网绿，箱壳表面应有明显的反光警示标志，保证 15 年不褪色。

4.6.3.4　外箱体应设置明显的标志和安全警告标志，如国网标志、设备名称、有电危险等。标志的制作应符合 Q/GDW 742—2012 的规定。

4.6.3.5　外箱体顶盖的倾斜度应不小于 10°，并应装设防雨檐。门开启角度应大于 90°，并设定位装置；装设暗锁，并设外挂锁孔。门锁具有防盗、防锈及防堵功能。

4.6.3.6　外箱体应设有足够的自然通风口和隔热措施，保证在 4.6.1 条规定的条件下运行时，所有电气设备的温升不超过其允许值，并且不得因此降低环网柜的外箱体防护等级。

4.6.3.7　外箱体底部应配备 4 根可伸缩式起吊销，起吊销应能承载整台设备的重量。

4.6.4　开关设备技术要求。

4.6.4.1　环网柜柜内开关设备可选用负荷开关、断路器、负荷开关-熔断器组合电器及隔离开关等，各设备的功能和性能应满足 GB 1984《高压交流断路器》、GB 1985《高压交流隔离开关和接地开关》、GB 3804《3.6kV～40.5kV 高压交流负荷开关》、GB 16926《高压交流负荷开关熔断器组合电器》及 GB/T 11022《高压开关设备和控制设备标准的共用技术要求》标准的规定。

4.6.4.2 负荷开关可选用二工位或三工位负荷开关，二工位负荷开关与接地开关间应有可靠的机械防误联锁，负荷开关及接地开关操作孔应有挂锁装置，挂锁后可阻止操作把手插入操作孔。

4.6.4.3 负荷开关-熔断器组合电器用撞击器分闸操作时，应能开断转移电流；由分励脱扣器分闸操作时，应能开断交接电流。熔断器撞击器与负荷开关脱扣器之间的联动装置在任一相撞击器动作时，负荷开关应可靠动作，三相同时动作时，不应损坏脱扣器。

4.6.4.4 负荷开关-熔断器组合电器回路，如用于变压器保护时可加装分励脱扣装置（如过温跳闸）。

4.6.4.5 与二工位隔离开关配合使用单独安装的接地开关应具备两次关合短路电流的能力，额定短时耐受电流及持续时间不低于 20kA/2s，额定短路关合电流不低于 50kA。

4.6.4.6 环网负荷开关柜一般选用额定电流 630A，额定短时耐受电流应不小于 20kA/4s，额定峰值耐受电流应不小于 50kA。

4.6.4.7 断路器柜一般选用额定电流 630A，额定开断电流应不小于 20kA/4s，短时耐受电流应不小于 20kA，额定峰值耐受电流应不小于 50kA。

4.6.4.8 负荷开关-熔断器组合电器单元的负荷开关一般选用额定电流 630A，额定短时耐受电流应不小于 20kA，额定峰值耐受电流应不小于 50kA；熔断器一般选用额定电流不大于 125A，额定开断电流不小于 31.5kA，转移电流应符合相关标准。

4.6.4.9 开关应配置直动式分合闸机械指示，开关状态位置应有符号及中文标志。

4.6.5 接地技术要求。

4.6.5.1 接地回路应能承受的短时耐受电流最大值应不小于主回路额定短时耐受电流的 87%。

4.6.5.2 主回路的接地按 DL/T 404《3.6kV～40.5kV 交流金属封闭开关设备和控制设备》相关规定，并作如下补充：

a）主回路中凡规定或需要人可触及的所有部件都应可靠接地并符合相关标准的规定；接地母线应分别设有不少于两处与接地系统相连的端子，并应有明显的接地标志。

b）主回路中均应设置可靠的适用于规定故障条件的接地端子，该端子应有一紧固螺钉或螺栓用来连接接地导体，紧固螺钉或螺栓的直径应不小于 12mm。

c）接地连接点应标以 GB/T 5465.2《电气设备用图形符号 第 2 部分：图形符号》中规定的保护接地符号，与接地系统连接的金属外壳部分可以视为接地导体。

d）人可触及的电缆预制式电缆终端表面应涂覆半导电或导电屏蔽层，电缆终端半导电或导电屏蔽层连接后应与接地母线可靠连接。

e）人可触及固体绝缘模块表面应涂覆导电或半导电屏蔽层，模块与模块间的导电或半导电屏蔽层连接后应与金属壳体可靠连接并接地。

f）接地导体应采用铜质导体，在规定的接地故障条件下，额定短路持续时间为 2s 时，其电流密度应不超过 110A/mm^2，但最小截面积应不小于 30mm^2。接地导体的末端应用铜质端子与设备的接地系统相连接，端子的电气接触面积应与接地导体的截面相适应，但最小电气接触面积应不小于 160mm^2。

g）外壳应设置接地极（扁铁）引入孔。

4.6.5.3 外壳的接地按 DL/T 404 相关规定，并作如下补充：

　　a）各个功能单元的外壳均应连接到接地导体上，除主回路和辅助回路之外的所有要接地的金属部件应直接或通过金属构件与接地导体相连接。

　　b）金属部件和外壳到接地端子之间通过 30A 直流电流时压降不大于 3V。功能单元内部的相互连接应保证电气连续性。

　　c）二次控制仪表室应设有专用独立的接地导体。

　　d）如果接地导体不是铜质的，也应满足相同的热稳定和动稳定要求。

　　e）当通过的电流引起热和机械应力时，应保障接地系统的连续性。

　　f）考虑到接地故障电流的最大值与运行系统中性点接地的形式有关，应加以说明。

4.6.6　土建、外观等检查验收。

4.6.6.1　柜体土建基础应与设计图纸相符，基础周围回填土应分层夯实，做里外防水处理。表面处理光滑，并设有操作平台。基础及槽钢接地良好，符合设计要求。基础水平误差应保证在 ±1mm/m 范围内，总误差在 ±5mm/m 范围内，产品有特殊要求时，执行产品要求。

4.6.6.2　柜体接地系统敷设用不小于 4mm×40mm 扁钢焊接成闭合环网，搭接面积及形式应满足国家标准要求。

4.6.6.3　柜体基础与柜体结合紧密，无缝隙、无孔洞。下进线部分应加装隔板或隔层，做好防潮、防火、防小动物措施。

4.6.6.4　柜体接地应牢固良好，在柜体两侧应有明显的接地点。可开启的柜门应以裸铜软线与接地的金属构架可靠的连接。

4.6.6.5　设备外观整洁，漆面无破损、无脱落，设备铭牌清晰正确。

4.6.6.6　柜内设备绝缘子表面应清洁、无裂纹、无破损，相色标志正确。

4.6.7　其他验收内容。

4.6.7.1　负荷开关三相触头接触的同期性和分闸状态时触头间净距离及拉开角度应符合产品的技术规定。

4.6.7.2　触头间应接触紧密，两侧接触压力均匀，且符合产品技术规定。

4.6.7.3　触头表面应平整、清洁，载流部分的可挠连接不得有折损，连接应牢固，载流部分表面应无严重的凹陷及锈蚀。

4.6.7.4　柜内带电部位对地距离应满足设计要求，所有进出线应装设故障寻址仪。

4.6.7.5　操动机构零部件齐全，所有固定连接部件应紧固，传动部件安装正确牢固，操动机构转动灵活。

4.6.7.6　操动机构动作应平稳、灵活，无卡阻、冲击等异常情况。分、合闸指示应与设备实际分、合闸位置相符。

4.6.7.7　环网柜、电缆分支箱内配置电气设备高压一次的主回路线路图、操作程序及注意事项。

4.7　电缆线路施工及验收

4.7.1　电缆及其附件的运输与储存保管

4.7.1.1　电缆及其附件的运输、保管，应符合相关标准要求。当产品有特殊要求时，并应符合产品标准的要求。出厂产品的储存和运输，应避免强烈振动、倾倒、受潮、腐蚀，确保不损坏箱体外表面以及箱内部件。对运输过程有特殊要求时，应在订合同时提出。在电缆盘吊装时应采用专门的吊装工具，严禁采用钢丝绳直接穿入电缆盘进行吊装的方法。在运输装卸过程中，不得使电缆及电缆盘受到损伤。严禁将电缆盘直接由车上推下。电缆盘不应平放运输、平放储存。

4.7.1.2 运输或滚动电缆盘前，必须保证电缆盘牢固，电缆绕紧。动作时必须顺着电缆盘上的箭头指示或电缆的缠紧方向。

4.7.1.3 电缆及其附件到达现场后，应按下列要求及时进行检查和送检：

a）产品的技术文件应齐全。

b）电缆型号、规格、长度应符合订货要求。

c）电缆盘外观不应受损，电缆封端应严密。当外观检查有怀疑时，应进行受潮判断或试验。

d）附件部件应齐全，材质质量应符合产品技术要求。

e）电缆线路检测项目包括常规检测和阻燃检测，抽样比例和长度要符合有关规定。

4.7.1.4 电缆及其有关材料如不立即安装，应按下列要求储存：

a）电缆应集中分类存放，并应标明型号、电压、规格、长度。电缆盘之间应有通道。地面应坚实，当受条件限制时，盘下应加垫，存放处不得积水。

b）电缆附件的绝缘材料的防潮包装应密封良好，并应根据材料性能和保管要求储存和保管。

c）防火涂料、包带、堵料等防火材料，应根据材料性能和保管要求储存和保管。

d）电缆桥架应分类保管，不得因受力变形。

4.7.2 电缆线路附属设施和构筑物的施工

4.7.2.1 电缆保护管的加工及敷设

4.7.2.1.1 电缆保护管应有满足电缆线路敷设条件所需保护性能的品质证明文件，产品经过国家级检测机构鉴定和检测。电缆管不应有穿孔、裂缝和显著的凹凸不平，内壁应光滑；金属电缆管表面应经过防腐处理。

4.7.2.1.2 在机动车道等易受机械损伤和荷载较大处埋设时，应采用足够强度的管材。

4.7.2.1.3 电缆管的加工应符合下列要求：

a）管口应无毛刺和尖锐棱角，管口宜做成喇叭形。

b）电缆管在弯制后，不应有裂缝和显著的凹瘪现象，其弯扁程度不宜大于管子外径的10%。电缆管的弯曲半径应大于所穿入电缆的最小允许弯曲半径。

c）金属电缆管应采取有效的防腐措施，如热浸塑或热镀锌。

d）金属管宜采用无缝钢管，当采用焊接管时，焊接缝应朝上。

4.7.2.1.4 电缆管的内径与电缆外径之比不得小于 1.5；维纶水泥管、玻璃钢管、碳纤螺纹管除应满足上述要求外，其内径尚不宜小于 100mm。

4.7.2.1.5 每根电缆管的弯头不应超过 3 个，直角弯不应超过 2 个。

4.7.2.1.6 电缆管明敷时应符合下列要求：

a）电缆管应安装牢固；管间宜用托架进行固定。电缆管支持点间的距离应按设计规定，当无设计规定时，不宜超过 3m。

b）当塑料管的直线长度超过 30m 时，宜加装伸缩节。

c）对于碳纤螺纹管，在敷设时宜采用预制的支架予以固定，宜每隔 2m 放置一组支架。

4.7.2.1.7　敷设电缆管时，其地面应坚实、平整，不应有沉陷。对于特殊地段，必要时在下层添加钢筋混凝土垫层，以提高地基的标准。

4.7.2.1.8　管材施工恢复道路路基应满足路政管理部门要求。如不采用打水泥包封的工艺，回填料、密实度和工艺要满足要求，管间缝隙宜回填筛过的细砂，并捣实。

4.7.2.1.9　电缆管直埋敷设应符合下列要求：

a）排管埋深不低于 1m。单根电缆管的埋设深度不应小于 0.7m，在人行道下面敷设时，不应小于 0.5m。

b）电缆管应有不小于 0.1% 的排水坡度。

4.7.2.1.10　电缆管的连接应符合下列要求：

a）金属电缆管连接应牢固，密封应良好，两管口应对准。套接的短套管或带螺纹的管接头的长度，不应小于电缆管外径的 2.2 倍。金属电缆管不宜直接对焊，宜采用套袖焊接的方式。

b）硬质塑料管在套接或插接时，其插入深度宜为管子内径的 1.1～1.8 倍。在插接面上应涂以胶合剂黏牢密封；采用套接时套管两端应采取密封措施。

注：下排管敷设塑料管多采用橡胶圈密封。

4.7.2.1.11　引至设备的电缆管管口位置，应便于与设备连接并不妨碍设备拆装和进出。并列敷设的电缆管管口应排列整齐。

4.7.2.1.12　利用电缆的保护钢管作接地线时，应先焊好接地线；有螺纹的管接头处，应用跳线焊接，再敷设电缆。

4.7.2.1.13　非金属管线敷设时，应全线埋设接地线，并与工作井、箱式变电站或电缆分接箱的接地连接在一起。接地线的截面和接地电阻应满足要求。

4.7.2.2　电缆支架的配制与安装

4.7.2.2.1　电缆支架的加工应符合下列要求：

a）钢材应平直，无明显扭曲。下料误差应在 5mm 范围内，切口应无卷边、毛刺。

b）支架应焊接牢固，无显著变形。各横撑间的垂直净距与设计偏差不应大于 5mm。

c）金属电缆支架必须进行防腐处理，采用热镀锌或热浸塑，优先采用热浸塑。

4.7.2.2.2　电缆支架的层间允许最小距离，按设计规定；当设计无规定时，可采用表 4-10 的规定，但层间净距不应小于两倍电缆外径加 10mm。

表 4-10　　　　　　　　　　　电缆支架的层间允许最小距离值　　　　　　　　　　　mm

电缆类型和敷设特征		支（吊）架	桥架
电力电缆明敷	10kV 及以下（除 6～10kV 交联聚乙烯绝缘外）	150～200	250
	6～10kV 交联聚乙烯绝缘	200～250	300

4.7.2.2.3　电缆支架应安装牢固，横平竖直；托架支吊架的固定方式应按设计要求进行。各支架的同层横档应在同一水平面上，其高低偏差不应大于 5mm。托架支吊架沿桥架走向左

右的偏差不应大于 10mm。

在有坡度的电缆沟内成建筑物上安装的电缆支架，应有与电缆沟或建筑物相同的坡度。电缆支架最上层至沟顶或楼板及最下层至沟底或地面的距离，按照 GB 50217 的规定。

4.7.2.2.4 组装后的钢结构竖井，其垂直偏差不应大于其长度的 2/1000；支架横撑的水平误差不应大于其宽度的 2/1000；竖井对角线的偏差不应大于其对角线长度的 5/1000。

4.7.2.2.5 电缆桥架的配制应符合下列要求：

a）电缆梯架（托盘）、电缆梯架（托盘）的支（吊）架、连接件和附件的质量应符合现行的有关技术标准；

b）电缆梯架（托盘）的规格、支吊跨距、防腐类型应符合设计要求。

4.7.2.2.6 梯架（托盘）在每个支吊架上的固定应牢固；梯架（托盘）连接板的螺栓应紧固，螺母应位于梯架（托盘）的外侧。

铝合金梯架在钢制支吊架上固定时，应有防电化腐蚀的措施。

4.7.2.2.7 当直线段钢制电缆桥架超过 30m，铝合金或玻璃钢制电缆桥架超过 15m 时，应有伸缩缝，其连接宜采用伸缩连接板；电缆桥架跨越建筑物伸缩缝处应设置伸缩缝。

4.7.2.2.8 电统桥架转弯处的转弯半径不应小于该桥架上的电缆最小允许弯曲半径的最大者。

4.7.2.2.9 电缆支架应有足够的承重能力。

4.7.2.3 电缆线路防火阻燃设施施工

4.7.2.3.1 对易受外部影响着火的电缆密集场所或可能着火蔓延而酿成严重事故的电缆回路，必须按设计要求的防火阻燃措施施工。

4.7.2.3.2 电缆的防火阻燃尚应采取下列措施：

a）在电缆穿过竖井、墙壁、楼板或进入电气盘、柜的孔洞处，用防火堵料密实封堵。

b）在重要的电缆沟和隧道中，按设计要求分段或用软质耐火材料设置阻火墙。

c）在电力电缆接头两侧及相邻电缆 2～3m 长的区段施加防火涂科或防火包带。必要时采用高强度防爆耐火槽盒进行封闭。

d）电缆外护套一般采用 C 级阻燃 PVC 外护套。有特殊要求时采用特殊要求的阻燃等级或耐火电缆。

e）按设计设置报警和灭火装置。

f）防火重点部位的出入口，应按设计设置防火门或防火卷帘。

g）改、扩建工程施工中，加强与运行单位密切配合，对于贯穿已运行的电缆孔洞、阻火墙，应及时恢复封堵。

4.7.2.3.3 防火阻燃材料必须具备下列质量资料：

a）有资质的检测机构出具的检测报告。

b）出厂质量检验报告。

c）产品合格证。

4.7.2.3.4 在使用时，应按设计要求和材料使用工艺编写施工措施，严格按照厂家要求和施工措施施工。材料质量与外观应符合下列要求：

a）有机堵料不氧化、不冒油，软硬适度，具有一定的柔韧性。

b）无机堵料无结块、无杂质。

c）防火隔板平整、厚薄均匀。

d）防火包遇水或受潮后不板结。

e）防火涂料无结块、能搅拌均匀。

f）阻火网网孔尺寸大小均匀，经纬线粗细均匀，附着防火复合膨胀料厚度一致。网弯曲时不变形、不脱落，并易于曲面固定。

4.7.2.3.5　使用防火涂料时，涂料应按一定浓度稀释，搅拌均匀，并应顺电缆长度方向进行涂刷，涂刷厚度或次数、间隔时间应符合材料使用要求。

4.7.2.3.6　包带在绕包时，应拉紧密实，缠绕层数或厚度应符合材料使用要求。绕包完毕后，每隔一定距离应绑扎牢固。

4.7.2.3.7　在封堵电缆孔洞时，封堵应严实可靠，不应有明显的裂缝和可见的孔隙，堵体表面平整，孔洞较大者应加耐火衬板后再进行封堵。电缆竖井封堵应保证必要的强度。有机堵料封堵不应有漏光、漏风、龟裂、脱落、硬化现象；无机堵料封堵不应有粉化、开裂等缺陷。

4.7.2.3.8　阻火墙上的防火门应严密，孔洞应封堵；阻火墙两侧电缆应施加防火包带或涂料。

4.7.2.3.9　阻火包的堆砌应密实牢固，外观整齐，不应透光。

4.7.2.4　电缆线路其他防护设施与构筑物的施工

4.7.2.4.1　与电缆线路安装有关的建筑工程的施工应符合下列要求：

a）与电缆线路安装有关的建筑物、构筑物的建筑工程质量，应符合国家现行的建筑工程施工及验收规范中的有关规定和设计要求，新建工程应通过相关部门验收。

b）电缆线路安装前，建筑工程应具备下列条件：

1）预埋件符合设计要求，安置牢固，接地点接地电阻符合设计要求。

2）电缆沟、隧道、竖井及人孔等处的地坪及抹面工作结束，电缆支架、电缆桥架、接地极等附属设施安装就位。

3）电缆夹层、电缆沟、隧道等处的施工临时设施、模板及建筑废料等清理干净，施工用道路畅通，盖板齐全。

4）电缆线路敷设后，不能再进行的建筑工程工作应结束。

5）电缆沟排水畅通，电缆室的门窗安装完毕。

c）电缆线路安装完毕后投入运行前，建筑工程应完成由于预埋件补遗、开孔、扩孔等需要而造成的建筑工程修饰工作。

4.7.2.4.2　电缆分接箱、箱式变电站基础安装位置合理。基础应用钢筋混凝土浇固底座，支撑梁宜采用槽钢或工字钢与混凝土浇筑，以提高基础强度，满足动荷载的要求。基础底座露出地面不少于 15cm，电缆分接箱、箱式变电站应垂直于地面。基础应安装接地棒，接地棒应是长度大于 2m、直径大于 50mm 的钢管，并埋入地下作为接地极。

4.7.2.4.3　电缆分接箱、箱式变电站的基础位置应与停车站、消防龙头、大门口和道路转角等至少离开 3m。

4.7.2.4.4　电缆工作井、通气孔可采用砖砌、预制或现浇，有防渗要求时，宜采用现浇。工作井的尺寸应能满足电缆管线敷设最大截面电缆弯曲的要求。电缆井内应设有积水坑，上盖金属箅子。

4.7.3 电缆（本体）的敷设

4.7.3.1 一般规定

4.7.3.1.1 电缆敷设前应按下列要求进行检查：

a）电缆敷设的路径、土建设施（电缆沟、电缆隧道、排管、交叉跨越管道等）及埋设深度、宽度、弯曲半径等符合设计和规程要求。电缆通道畅通，排水良好。金属部分的防腐措施符合要求，防腐层完整。隧道内通风符合要求，新建隧道应有通风口，隧道本体不应有渗漏。

b）电缆型号、电压、规格应符合设计要求。

c）电缆盘外观应无损伤，电缆外皮表面无损伤，电缆内外封头密封良好，当对电缆的外观和密封状态有怀疑时，应进行潮湿判断；直埋电缆应参照 DL/T 596 的规定进行适当项目的试验并合格。

d）电缆放线架应放置稳妥，钢轴的强度和长度应与电缆盘重量和宽度相配合，电缆盘有可靠的制动措施。敷设电缆的机具应检查并调试正常。

e）敷设前应按设计和实际路径计算每根电缆的长度，合理安排每盘电缆，减少电缆接头。应避免把中间接头设置在变电站夹层、交叉路口、建筑物门口、与其他管线交叉处或通道狭窄处。

f）在带电区域内敷设电缆，应有可靠的安全措施。

g）采用机械牵引方法敷设电缆时，敷设前要进行牵引力计算，牵引时应在牵引头处连接拉力表以保证牵引力不超过允许值；牵引机和导向机构应试验完好，尽量采用牵引线芯的方式。

4.7.3.1.2 电缆敷设时，不应损坏电缆沟、隧道、电缆井和人井的防水层。

4.7.3.1.3 三相四线制系统中应采用四芯电力电缆，不应采用三芯电缆另加一根单芯电缆或以导线、电缆金属护套作中性线。

4.7.3.1.4 并联使用的电力电缆的长度、型号、规格宜相同，应对称布置。

4.7.3.1.5 电力电缆在终端头附近宜留有备用电缆，备用电缆长度以够制作一个相应终端长度为宜。

4.7.3.1.6 电缆各支持点间的距离应符合 GB 50217 的规定。

4.7.3.1.7 厂家没有具体最小弯曲半径规定的电缆的最小弯曲半径宜符合表 4-11 的规定，厂家有规定的按照电缆厂家的规定执行。

表 4-11　　　　　　　　　　　　电 缆 最 小 弯 曲 半 径

电缆型式		多芯	单芯
橡皮绝缘电力电缆	无铅包、钢铠护套	10D	
	裸铅包护套	15D	
	钢铠护套	20D	
挤包绝缘电缆	无铠装	15D（12D）	20D（15D）
	有铠装	12D（10D）	15D（12D）

续表

电缆型式			多芯	单芯
油浸纸绝缘电力电缆	铅包		30*D*	
	铅包	有铠装	15*D*	20*D*
		无铠装	20*D*	

注　1　*D* 为电缆外径，mm。
　　2　（　）中为靠近连接盘和终端的电缆的最小弯曲半径（需小心控制，如采用成型导板）。
　　3　本表摘自 GB/T 12706。

4.7.3.1.8　黏性油浸纸绝缘电缆最高点与最低点之间的最大位差，应符合 GB 50217 的规定，当不能满足要求时，应采用适用于高位差的塑料绝缘电缆。

4.7.3.1.9　电缆敷设时，电缆应从盘的上端引出，不应使电缆在支架上及地面摩擦拖拉。电缆上不得有铠装压扁、电缆绞拧、护层折裂等未消除的机械损伤。

4.7.3.1.10　机械敷设电缆的速度不宜超过 15m/min。

4.7.3.1.11　在复杂的条件下用机械敷设大截面电缆时，应进行施工组织设计，确定敷设方法、线盘架设位置、电缆牵引方向，校核牵引力和侧压力，配备敷设人员和机具。

4.7.3.1.12　机械敷设电缆时，应在牵引头或钢丝网套与牵引钢缆之间装设防捻器。

4.7.3.1.13　油浸纸绝缘电力电缆在切断后，应将端头立即铅封；塑料绝缘电缆应有可靠的防潮封端。

4.7.3.1.14　电力电缆接头的布置应符合下列要求：

a）并列敷设的电缆，其接头的位置宜相互错开；

b）电缆明敷时的接头应用接头托架托置并与支架固定；

c）直埋电缆接头应有防止机械损伤的保护结构或外设保护盒。

4.7.3.1.15　电缆敷设时应排列整齐，不宜交叉，加以固定，并及时装设标志牌。

4.7.3.1.16　标志牌的装设应符合下列要求：

a）在电缆终端头、电缆接头、电缆穿管两端、人井内等地方应装设标志牌。在电缆沟道（隧道）敷设的电缆宜增加标志牌数，可间隔 20～30m 悬挂一个标志牌。

b）标志牌上应注明线路编号。当无编号时，应写明电缆型号、规格及起止地点；并联使用的电缆应有顺序号。标志牌的字迹应清晰、不易脱落。

c）标志牌规格宜统一。标志牌应能防腐，挂装应牢固。

4.7.3.1.17　电缆的固定，应符合下列要求：

a）在下列地方应将电缆加以固定：

1）垂直敷设或超过 45°倾斜敷设的电缆在每个支架上；桥架上每隔 2m 处。

2）水平敷设的电缆，在电缆首末两端及转弯、电缆接头的两端处；当对电缆固定有特殊要求时，按照要求执行。

3）单芯电缆的固定应符合设计要求。

b）交流系统的单芯电缆或分相后的分相铅套电缆的固定夹具不应构成闭合磁路。

c）裸铅（铝）套电缆的固定处，应加软衬垫保护。

d）终端在开关柜内时，开关柜下电缆至少应有两个固定点，保持电缆垂直段不少于 1m。

e）护层有绝缘要求的电缆，在固定处应加绝缘衬垫。

f）并联使用的单芯大截面电缆应采用对称布置，固定金具采用电缆抱箍，在固定处应加绝缘衬垫。

g）在隧道内遇到没有电缆支架处（三通井、四通井等）应加装电缆吊架固定电缆。

4.7.3.1.18 沿电气化铁路或有电气化铁路通过的桥梁上明敷电缆的金属护层或电缆金属管道，应沿其全长与金属支架或桥梁的金属构件绝缘。

4.7.3.1.19 电缆进入电缆沟、隧道、竖井、建筑物、盘（柜）以及穿入管子时，出入口应封闭，管口应密封。

4.7.3.2 直埋电缆的敷设

4.7.3.2.1 在电缆线路路径上有可能使电缆受到机械性损伤、化学作用、地下电流、振动、热影响、腐蚀物质、虫鼠等危害的地段，应采取保护措施。

4.7.3.2.2 电缆埋置深度应符合下列要求：

a）电缆表面距地面的距离不应小于 0.7m。穿越农田或在车行道下敷设时不应小于 1m。在引入建筑物、与地下建筑物交叉及绕过地下建筑物处，可浅埋，但应采取保护措施。

b）电缆应埋设于冻土层以下，当受条件限制时，应采取防止电缆受到损坏的措施。

4.7.3.2.3 电缆之间，电缆与其他管道、道路、建筑物等之间平行和交叉时的最小净距，应符合 GB 50217 的规定。严禁将电缆平行敷设于管道的上方或下方。

a）电缆与热管道（沟）及热力设备平行、交叉时，应采取隔热措施，使电缆周围土壤的温升不超过 10℃；

b）当直流电缆与电气化铁路路轨平行、交叉，其净距不能满足要求时，应采取防电化腐蚀措施；

c）直埋电缆穿越城市街道、公路、铁路，或穿过有载重车辆通过的大门、进入建筑物的墙角处、进入隧道、人井，或从地下引出到地面时，应将电缆敷设在满足强度要求的管道内，为防止渗水和小动物进入，应将管口封堵好；

d）交叉时高电压等级的电缆宜敷设在低电压等级电缆的下面；

e）当电缆穿管或者其他管道有保温层等防护设施时，净距应从管壁或防护设施的外壁算起。

4.7.3.2.4 电缆与铁路、公路、城市街道、厂区道路交叉时，应敷设于有良好防腐处理的钢制保护管、穿管或隧道内。电缆管的两端宜伸出道路路基两边 0.5m 以上；伸出排水沟0.5m；在城市街道应伸出车道路面。

4.7.3.2.5 直埋电缆的上、下部应铺以不小于 100mm 厚的软土或砂层，软土或砂子中不应有石块或其他硬质杂物，并加盖保护板，其覆盖宽度应超过电极两侧各 50mm，保护板采用混凝土盖板，盖板上方加装直埋电缆警示带，高度约在 350mm。在敷设电缆前，应首先清理电缆沟，将杂物清除，为防止电缆在敷设过程中拖拉，造成外护层损坏，宜在开挖好的沟内放置好直线滑轮，一般 2～4m 放置一个滚轮，在转弯处应放置转角滚轮或转角滚轮组。在接头处的电缆应重叠敷设，根据电缆接头的工艺要求，重叠部分的电缆长度不应小于 lm，采用钢丝网套牵引的电缆，牵引部位应去除。

4.7.4 电缆线路工程验收

4.7.4.1 在电缆线路工程验收时，应按下列要求进行检查：

a）电缆型号规格应符合设计规定：排列整齐，无机械损伤；标志牌应装设齐全、正确、清晰。

b）电缆的固定、弯曲半径、有关距离和单芯电力电缆的金属护层的接线、相序排列等应符合设计要求。

c）电缆终端的相位标记应正确，电缆接线端子与所接设备端子应接触良好。

d）电缆线路所有应接地的接点应与接地极接触良好，接地电阻应符合设计要求。

e）电缆支架等的金属部件防腐层应完好，有防水、防火要求的电缆管口封堵应严密。

f）电缆沟内应无杂物、无积水，盖板齐全；隧道内应无杂物，照明、通风、排水等设施应符合设计要求。

g）直埋电缆路径标志，应与实际路径相符，路径标志应清晰、牢固，且应符合相关的要求。

h）防火措施应符合设计要求，且施工质量合格。

4.7.4.2　电缆线路施工过程中，应按 DL/T 5161.1～DL/T 5161.17 的有关规定进行质量检验及评定；隐蔽工程应由建设单位或监理单位在施工过程中进行中间验收，并做好签证。

4.7.4.3　电缆线路竣工后，应由相关单位按 GB 50150 的规定进行交接试验。

4.7.4.4　在电缆线路工程验收时，应提交下列资料和技术文件：

a）电缆线路路径的协议文件。

b）设计图纸、电缆清册、变更设计的证明文件和竣工图。

c）直埋电缆线路的敷设位置图，比例宜为 1:500。地下管线密集的地段不应小于 1:100，在管线稀少、地形简单的地段可为 1:1000；平行敷设的电缆线路，宜合用一张图纸。图上必须标明各线路的相对位置，并有标明地下管线的剖面图。

d）制造厂提供的产品说明书、试验记录、合格证件及安装图纸等技术文件。

e）电缆线路的原始记录：电缆的型号、规格及其实际敷设总长度及分段长度，电缆终端和接头的形式及安装日期。

f）电缆线路的施工记录：

1）隐蔽工程隐蔽前检查记录或签证；

2）电缆敷设记录；

3）电缆线路质量检验及评定记录。

g）电缆线路的试验记录。

4.8　接　地　装　置

4.8.1　电气装置的应接地或接零的金属部分

4.8.1.1　电机、变压器、用电器、电气设备的传动装置等的金属底座和外壳。

4.8.1.2　屋内外配电装置的金属或钢筋混凝土构架以及靠近带电部分的金属遮栏和金属门。

4.8.1.3　配电、控制、保护用的屏（柜、箱）及操作台等的金属框架和底座。

4.8.1.4　交、直流电力电缆的接头盒、终端头和膨胀器的金属外壳和电缆的金属护层、可触及的电缆金属保护管和穿线的钢管。

4.8.1.5 电缆桥架、封闭母线的外壳及其他裸露的金属部分。

4.8.1.6 箱式变电站、环网柜、电缆分支箱的金属箱体。

4.8.2 接地装置的要求

4.8.2.1 接地装置不得与金属管道、建筑物和设备的构件有金属的连接。

4.8.2.2 在土壤中含有在电解时能产生腐蚀性物质的地方，不宜敷设接地装置，必要时可采取外引式接地装置或改良土壤的措施。

4.8.2.3 直流电力回路专用的中性线和直流两线制正极的接地体、接地线不得与自然接地体有金属连接。当无绝缘隔离装置时，相互间的距离不应小于 1m。

4.8.2.4 在地下不得采用裸铝导体作为接地体或接地线。

4.8.2.5 接地线不应作其他用途。

4.8.3 室内明敷接地线的要求

4.8.3.1 配电所内的接地装置所有的接地部分可共用。

4.8.3.2 敷设位置不应妨碍设备的拆卸与检修。

4.8.3.3 支持件间的距离，在水平直线部分宜为 0.5～1.0m，垂直部分宜为 1.5～3.0m，转弯部分宜为 0.3～0.5m。

4.8.3.4 接地线应水平或垂直敷设，也可与建筑物倾斜结构平行敷设，在直线段上不应有高低起伏及弯曲情况。

4.8.3.5 接地线沿建筑物墙壁水平敷设时，离地面距离宜为 250～300mm，接地线与建筑物墙壁间的间隙宜为 10～15mm。

4.8.3.6 在接地线引向建筑物的入口处和在检修用临时接地点处，均应刷白色底漆并标以黑色记号，其代号为： 。

4.8.3.7 不得利用蛇皮管、管道保温层的金属外皮或金属网以及电缆金属护层作接地线。

4.8.3.8 接地线应防止发生机械损伤和化学腐蚀。

4.8.4 接地线的保护要求

4.8.4.1 在与公路、铁路或管道等交叉及其他可能使接地线遭受损伤处，均应用管子或角钢等加以保护。

4.8.4.2 接地线在穿过墙壁、楼板和地坪处应加装钢管或其他坚固的保护套，有化学腐蚀的部位还应采取防腐措施。

4.8.5 接地线的连接要求

4.8.5.1 接地干线应在不同的两点及以上与接地网相连接。自然接地体应在不同的两点及以上与接地干线或接地网相连接。

4.8.5.2 每个电气装置的接地应以单独的接地线与接地干线相连接，不得在一个接地线中串接几个需要接地的电气装置。

4.8.5.3　接地体（线）的连接应采用焊接，焊接必须牢固、无虚焊。接至电气设备上的接地线，应用镀锌螺栓连接。有色金属接地线不能采用焊接时，可用螺栓连接。

4.8.5.4　接地体（线）的焊接应采用搭接焊，其搭接长度必须符合下列规定：扁钢为其宽度的 2 倍且至少 3 个棱边焊接；圆钢为其直径的 6 倍；圆钢与扁钢连接时其长度为圆钢直径的 6 倍。

4.8.5.5　扁钢与钢管、扁钢与角钢焊接时，为了连接可靠，除应在其接触部位两侧进行焊接外，还应焊以由钢带弯成的弧形（或直角形）卡子或直接由钢带本身弯成弧形（或直角形）与钢管（或角钢）焊接。

4.8.5.6　有色金属接地线不能采用焊接时可用螺栓连接，螺栓连接处的接触面应符合下列规定：

a）铜与铜：室外、高温且潮湿或对母线有腐蚀性气体的室内必须搪锡，在干燥的室内可直接用螺栓连接。

b）钢与钢：螺栓连接或焊接。

c）铜与铝：在干燥的室内，铜导体应搪锡。室外或空气相对湿度接近 100% 的室内，应采用铜铝过渡板，铜端应搪锡。

d）钢与铜或铝：钢搭接面必须搪锡。

4.8.5.7　电缆的金属护层或金属管必须接地，埋入土壤中的长度应在 10m 以上，方可与配电装置的接地网相连或与电源线、低压配电装置相连接。

4.8.5.8　接地装置宜采用钢材。接地装置的导体截面应符合热稳定和机械强度的要求，但不应小于表 4-12 所列规格。

表 4-12　接地装置的导体截面

种类、规格及单位		地上		地下	
		室内	室外	交流电流回路	直流电流回路
圆钢直径（mm）		6	8	10	12
扁钢	截面（mm²） 厚度（mm）	60 3	100 4	100 4	100 6
	角钢厚度（mm） 钢管管壁厚度（mm）	2 2.5	2.5 2.5	4 3.5	6 4.5

注　电力线路杆塔的接地体引出线的截面积不应小于 50mm²，引出线应热镀锌。

4.8.5.9　接地体顶面埋设深度应符合设计规定。当无规定时，不宜小于 0.6m。角钢及钢管接地体应垂直配置。除接地体外，接地体引出线的垂直部分和接地装置焊接部位应作防腐处理。在作防腐处理前，表面必须除锈并去掉焊接处残留的焊药。

4.8.5.10　敷接地线的表面应涂以用 100～150mm 宽度相等的绿色和黄色相间的条纹。在每个导体的全部长度上或在每个区间可接触到的部位上作出标志。当使用胶带时，应使用双色胶带。

4.8.6　接地装置的安装要求

4.8.6.1　接地电阻值符合电气装置保护上和功能上的要求。

4.8.6.2 根据安装环境要求，需要时有足够坚固的防护措施。

4.8.6.3 必须采取保护措施防止由于电蚀作用而引起对其他金属部分的危害。

4.8.6.4 整个接地网外露部分的连接可靠，接地线规格正确，防腐层完好，标志齐全明显。

4.8.6.5 连接临时接地线用的连接板的数量和位置符合设计要求。

4.8.6.6 工频接地电阻值及设计要求的其他测试参数符合设计规定。

4.8.6.7 接地线不应从包箍内穿过。

4.8.6.8 垂直敷设的接地引下线应在距地面 1.5～1.8m 处与接地引上线连接并设置断接卡，以便于测量使用。空旷地带的连接点可设置在距地面 2.5m 处。

4.9 配电设备的标志要求

4.9.1 配电室所属调度所有的一次设备必须有准确、清晰的标志（运行编号）牌，编号应清晰、正规，字体工整，编号正确并与调度编号相符。

4.9.2 设备构架、爬梯、围栏等，必须悬挂相应的警告牌。

4.9.3 所有端子箱、控制盘、保护盘、中央信号盘、自动装置盘、低压交、直流盘均应有标志。几个回路共用的箱、盘应标出回路名称，必要时用标志界线划开。

4.9.4 所有端子箱、控制盘、保护盘上的主要元件，如隔离开关、熔断器、继电器、连接片、仪表等，均应有清晰、准确、与图纸和实际相符的标志。

4.9.5 一次设备的相色标志应齐全、明显、清晰。

4.9.6 二次回路、低压动力回路、直流系统的电缆应有准确、清晰的编号牌，编号牌应包括与图纸对应的编号名称、规范及电缆走向。

4.9.7 使用耐用型编号牌，断路器、隔离开关及其他设备标志用白底红字，接地开关用白底黑字。

4.9.8 配电变压器本体应有编号，独立避雷针也应有编号。

4.9.9 开关柜前面应有明显的调度双重编号，即开关或开关柜的设备名称和设备编号，柜后应标调度号。

4.9.10 开关位置指示器的箭头一律涂红漆，开关位置的"合"字用红漆书写，"分"字应用绿漆书写。

4.9.11 隔离开关（在操作把手明显处）应有调度号。

4.9.12 接地开关垂直连杆涂黑漆，接地操作把手涂黑漆。

4.9.13 二次端子箱、操作箱有明显的调度号，照明箱应有标志。

4.9.14 落地设备固定围栏上应装明显的双重编号牌。

4.9.15 电力电缆的端头顶部应用黄绿红漆、端头引线标明相位。

4.9.16 室内 6～10kV 架空出线应在配电室墙上（对准出线走廊）用红漆标明双重调度号。

4.9.17 主母线与旁路母线两端应有明显的调度双重标志及相位标志。

4.9.18 配电盘正面顶部应有运行编号及名称（控制盘可写电压等级），操作把手处应有明显的调度编号，盘后应有调度号。配电盘正面应标有示意接线及出线线路名称。

4.9.19 配电盘上的模拟线应按电压等级 10kV（绛红）、6kV（深蓝）涂不同颜色。

4.9.20　各种表计、继电器、连接片和交直流断路器以及电压、电流端子、按钮、切换开关等，应在标签框内标明专用符号及名称。

4.9.21　控制、保护盘背面每个元件应有元件编号及与图纸对应的专用符号。交直流盘后隔离开关及熔断器应有编号及名称（没有合适书写的地方应挂标志牌）。

4.9.22　在一面保护盘上装有两路及以上保护时，在盘前、盘后应有警戒分界线，隔离端子排在分界处应写明编号及名称。

4.9.23　6～35kV 开关室、电抗器室、蓄电池室、电容器室、站用变压器室（或间隔）及电缆层应有明显的标志。

4.9.24　全部设备均应有明显相位标志，全部设备的接地装置（外露部分）应涂黑漆。

4.9.25　箱式变电站箱体、环网柜、电缆分支箱门内内侧应附有相应的主回路线路图、控制线路图、操作程序及注意事项。

4.9.26　箱式变电站箱体、环网柜、电缆分支箱箱体字体采用黑体字 300，用红漆直接喷于箱体表面，无底漆。名称、编号喷在面对道路侧的箱体上方位置。

第5章 0.4kV 线路及配电设备施工及验收标准

5.1 380V/220V 配电线路

5.1.1 导线选择

低压主干线路导线截面应参考供电区域饱和负荷值，按经济电流密度选取。根据供电区域实际负荷特性并考虑设备材料的标准化，按照线路长期载流量确定导线截面，同时进行动、热稳定校验。架空线路中，绝缘导线宜在 A+、A、B、C 类供电区域及农村人流密集的地方、树（竹）线矛盾较突出的地段推荐使用，同一区域绝缘导线型号应一致，以利于运行维护。裸导线宜在 D、E 类供电区域使用；集束导线宜在 A+、A、B、C 类供电区域、路径狭窄及接户时使用。电缆线路通常情况下采用交联聚乙烯、特殊情况下可采用交联聚烯烃绝缘电缆。

5.1.2 路径选择

a）配电线路的路径，应与城镇总体规划相结合，与各种管线和其他市政设施协调，架空线路杆塔位置应与城镇美化相适应。供敷设电缆用的土建设施宜按电网远期规划并预留适当裕度一次建成。

b）架空线路路径和杆位的选择应避开低洼地、易冲刷地带和影响线路安全运行大的其他地段。

c）乡镇地区架空线路路径应与道路、河流、灌渠相协调，不占或少占农田。

d）配电线路应避开储存易燃、易爆物的仓库区域。

e）电缆路径应综合考虑路径长度、施工、运行和维护方便等因素，统筹兼顾，在符合安全性要求下，电缆敷设路径应有利于降低电缆及构筑物的综合投资。

f）电缆应避开可能挖掘施工的地方，避免电缆遭受机械性外力、过热、腐蚀等危害。

5.2 380V/220V 架空线路

5.2.1 设计气象条件

遵照《国家电网公司配电网工程典型设计 10kV 架空线路分册（2013 版）》中的典型气象区，380V/220V 架空线路使用的典型气象条件表详见表 5-1。

表 5-1　　　　　　　　　　**380V/220V 架空线路典型设计用气象区**

气象区			A	B	C
大气温度（℃）	最高		+40		
	最低		−10	−20	−40
	覆冰		−5		
	最大风		+10	−5	−5
	安装		0	−10	−15
	外过电压		+15		
	内过电压年平均气温		+20	+5	−5
风速（m/s）	最大风		35	25	30
	覆冰		10		
	安装		10		
	外过电压		15	10	10
	内过电压		17.5	15	15
覆冰厚度（mm）			5	10	10
冰的密度（kg/m³）			0.9×10³		

5.2.2　导线的选取

5.2.2.1　导线截面的确定。

a）架空线路导线根据不同负荷需求可以采用 16、35、50、70、95、120、150、185mm² 等多种截面的导线。

b）使用时应根据各自的需要选择 3～4 种常用截面的导线，可使杆型选择、施工备料、运行维护得以简化。主干线推荐选用 150mm²，支线推荐选用 70mm²。

5.2.2.2　导线安全系数及最大直线转角角度，详见表 5-2。

表 5-2　　　　　　　　　　**导线安全系数及最大直线转角角度**

导线分类	适用档距（m）	导线型号	安全系数			导线允许最大转角角度（°）
			A 区	B 区	C 区	
绝缘导线	L≤60	JKLYJ-1/50	3.8	3.2	3.2	15
		JKLYJ-1/70	4.5	4.0	4.0	15
		JKLYJ-1/95	5.5	5.0	5.0	15
		JKLYJ-1/120	5.5	5.0	5.0	15
		JKLYJ-1/150	6.0	5.0	5.0	12
		JKLYJ-1/185	6.5	5.0	5.0	10
		JKLGYJ-1/70/10	8.5	7.0	7.0	15
		JKLGYJ-1/120/20	10.0	8.5	8.5	12
裸导线	L≤60	JL/G1A-50/8	7.5	6.0	6.0	15
		JL/G1A-70/10	8.5	7.0	7.0	15
		JL/G1A-120/20	10.0	8.5	8.5	12

导线分类	适用档距（m）	导线型号	安全系数			导线允许最大转角角度（°）
			A 区	B 区	C 区	
集束导线	$L \leq 60$	BS2-JKLYJ-70	8.0	8.0	8.0	15
		BS4-JKLYJ-70	8.0	8.0	8.0	15
		BS4-JKLYJ-120	8.0	8.0	8.0	12

5.2.2.3 导线参数。绝缘导线参数根据 GB/T 12527—2008 选取，标准中对绝缘导线的导体中最小单线根数、绝缘厚度、导线拉断力均有明确规定，但导线的外径、重量和计算截面在标准中尚无明确的规定。典型设计在对国内多家绝缘导线厂家调研的基础上，选取绝缘导线外径、重量、计算截面较大者作为推荐的计算参数，以确保设计的安全裕度。各种规格导线参数详见表 5-3～表 5-7。

表 5-3 　　　　　　　　　　380V/220V 绝缘导线参数表（一）

型号		JKLYJ-1/16	JKLYJ-1/50	JKLYJ-1/70	JKLYJ-1/95	JKLYJ-1/120	JKLYJ-1/150	JKLYJ-1/185
构造（根数×直径，mm）	铝	6×1.75	7×3.00	19×2.25	19×2.58	19×2.90	37×2.32	37×2.58
	绝缘厚度	1.2	1.4	1.4	1.6	1.6	1.8	2.0
截面积（mm²）	铝	30.00	49.48	75.55	99.33	125.50	156.41	193.43
外径（mm）		13.0	11.5	13.2	15.4	16.8	18.8	20.8
单位质量（kg/km）		12.4	180	241	326	400	501	618
综合弹性系数（MPa）		59000	59000	56000	56000	56000	56000	56000
线膨胀系数（℃⁻¹）		0.000023	0.000023	0.000023	0.000023	0.000023	0.000023	0.000023
计算拉断力（N）		2517	7011	10354	13727	17339	21033	26732

表 5-4 　　　　　　　　　　380V/220V 绝缘导线参数表（二）

型 号		JKLGYJ-1/70/10	JKLGYJ-1/120/20
构造（根数×直径，mm）	铝	6×3.8	26×2.38
	钢	1×3.8	7×1.85
	绝缘厚度（mm）	3.4	3.4
截面积（mm²）	铝	68.05	115.67
	钢	11.34	18.82
	总计	79.39	134.49
外径（mm）		18.7	22.4
单位质量（kg/km）		473	723
综合弹性系数（MPa）		59000	59000
膨胀系数（℃⁻¹）		0.000023	0.000023
计算拉断力（N）		23390	41000

表 5-5　　　　　　　　　　　　　　　　　　钢芯铝绞线参数表

型　　号		JL/G1A-50/8	JL/G1A-70/10	JL/G1A-120/20
构造（根数×直径，mm）	铝	6×3.20	6×3.8	26×2.38
	钢	1×3.2	1×3.8	7×1.85
截面积（mm²）	铝	48.25	68.05	115.67
	钢	8.04	11.34	18.82
	总计	56.29	79.39	134.49
外径（mm）		9.6	11.4	15.1
单位质量（kg/km）		195.1	274.8	466.1
综合弹性系数（MPa）		79000	79000	79000
膨胀系数（℃⁻¹）		0.0000191	0.0000191	0.0000189
额定抗拉力（N）		16870	23360	42260

表 5-6　　　　　　　　　　　　　　　　　　集束导线参数表（一）

芯数×标称截面积（mm²）	导体中最少单线根数	导体外径（mm）	绝缘厚度（mm）	20℃时导体电阻不大于（Ω/km）	额定工作温度时最小绝缘电阻（MΩ·km）	综合拉断力（N）
	铝芯			铝芯	70℃	铝芯
2×16	6	4.8	1.2	1.91	0.0065	4403
2×35	6	7	1.4	0.868	0.0054	9632
2×50	6	8.3	1.4	0.641	0.0046	13760
2×70	12	10	1.4	0.443	0.004	19180

表 5-7　　　　　　　　　　　　　　　　　　集束导线参数表（二）

芯数×标称截面积（mm²）	导体中最少单线根数	导体外径（mm）	绝缘厚度（mm）	20℃时导体电阻不大于（Ω/km）	额定工作温度时最小绝缘电阻（MΩ·km）	综合拉断力（N）
	铝芯			铝芯	70℃	铝芯
4×16	6	4.8	1.2	1.91	0.0065	8806
4×35	6	7	1.4	0.868	0.0054	19264
4×50	6	8.3	1.4	0.641	0.0046	27520
4×70	12	10	1.4	0.443	0.004	38360
4×120	18	13	1.6	0.253	0.0035	65760

5.2.3　绝缘配合

依照 GB 50061—2010 和 DL/T 620—1997 进行绝缘设计，使线路能在工频电压、操作过电压和雷电过电压等各种情况下安全可靠地运行。环境污秽等级划分参照 GB 50061—2010 附录 B 架空电力线路环境污秽等级标准，按 a～e 级考虑，并归类为 a、b、c 级，d 级及 e 级三种情况。

5.2.4 杆型选取和使用

根据 GB 50061—2010，本典型设计在城镇和人口密集地区的低压架空线路宜采用ϕ150mm×8m、ϕ150mm×10m、ϕ190mm×10m、ϕ190mm×12m 电杆，电杆一般选用 GB/T 4623—2006 中的锥形普通非预应力钢筋混凝土电杆、锥形普通预应力钢筋混凝土电杆。根据典型情况确定导线杆头排列方式，见表 5-8。

表 5-8 　　　　　　　　380V/220V 架空线路典型设计技术方案分类表

序号	材质	功　能	高度	横担层数	描　　述
1	水泥杆	直线	8、10、12m	1	95mm² 及以下导线用 ϕ150 稍径，120mm² 及以上导线选用 ϕ190 稍径。水平档距 $L_h \leqslant 60m$，垂直档距 $L_v \leqslant 60m$
2		直线转角	8、10、12m	1	
3		直线分支	8、10、12m	2	
4		耐张	8、10、12m	1	
5		45°转角	8、10、12m	2	
6		90°转角	8、10、12m	2	
7		终端	8、10、12m	1	
8		电缆上杆	8、10、12m	1	

5.2.5 拉线的选配

钢筋混凝土杆（终端杆、转角杆）需要在杆塔部位打设拉线，增加杆塔的稳定性。拉线方式分为普通、V 型，空旷地区连续直线杆超过 10 基时，可增加防风拉线；特殊区域（如稻田、沿海、山口）经核算荷载后可增加防风拉线。拉线应采用镀锌钢绞线，其截面应按受力情况计算确定，安全系数应大于等于 2.5（镀锌钢绞线抗拉强度 1270MPa），一般绝缘导线 70～120mm² 采用 GJ-50 拉线，120～185mm² 采用 GJ-80 或 GJ-100 拉线，镀锌钢绞线配置拉线绝缘子（圆瓷）、心形环、预绞丝、楔型线夹，见表 5-9。

表 5-9 　　　　　　　　　　　镀锌钢绞线选用表

序号	国标标记	物料描述	标称
1	1×7-9.0-1370-B-YB/T5004-2012	钢绞线，1×7-9.0-1370-B，50，镀锌	GJ-50
2	1×19-11.5-1370-B-YB/T5004-2012	钢绞线，1×19-11.5-1370-B，80，镀锌	镀锌 GJ-80
3	1×19-13.0-1370-B-YB/T5004-2012	钢绞线，1×19-13.0-1370-B，100，镀锌	镀锌 GJ-100

5.2.6 基础选择

基础分为拉线基础、电杆基础。由于各地地质条件不同，应根据各地区现场实际情况以及受力状况优化杆塔基础形式。基础形式主要有底盘、拉线盘、卡盘、套筒等。

架空线路的电杆最小埋设深度见表 5-10。

表 5-10 　　　　　　　　　　架空线路的电杆最小埋设深度

杆高（m）	8	10	12
埋深（m）	1.5	1.7	1.9

5.2.7　导线的接续

5.2.7.1　严禁不同金属、不同规格、不同绞向的导线在档距内连接。

5.2.7.2　在一个档距内，每根导线不应超过一个连接头。

5.2.7.3　档距内接头距导线的固定点的距离不应小于 0.5m。

5.2.7.4　钢芯铝绞线、铝绞线在档距内的连接宜采用钳压方法。

5.2.7.5　铜绞线与铝绞线的跳线应采用铜铝过渡线夹、铜铝过渡线，采用线夹钳压连接方法。

5.2.7.6　绝缘导线的接续应使用绝缘导线专用线夹。

5.2.7.7　导线的开口和连接处应使用绝缘自粘带或专用密封罩封闭。

5.2.8　380V/220V 金具选择、绝缘子选用

5.2.8.1　金具选择

a）横担、抱箍、螺栓等铁件强度计算选择。横担规格不小于∠63mm×∠63mm×6mm，全部铁件均采用热镀锌，镀锌层厚度 60μm，强度、连接严格按照钢结构规范检验选择。

b）耐张线夹。采用节能型、压缩式铝合金耐张线夹，绝缘导线使用楔型耐张线夹。

c）验电接地线夹。绝缘线路在分支杆、耐张杆、需要检修处及有可能反送电的分支线导线上应设置停电工作验电接地线夹，以满足检修安全措施需求为准。绝缘线破口处应用绝缘胶布（33+）进行绝缘恢复。

d）导线接续。导线承力接续宜采用对接液压型接续管，导线非承力接续宜采用液压型导线接续线夹或其他连接可靠线夹，设备连接宜采用液压型接线端子。

5.2.8.2　金具组装

表面光洁，无裂纹、毛刺、飞边、砂眼、气泡等缺陷，线夹转动灵活，与导线接触面符合要求、镀锌良好，无锌皮剥落、锈蚀现象。

0.4～10kV 常用接续金具及适用范围见表 5-11。

表 5-11　　　　　　　　　　0.4～10kV 常用接续金具及适用范围

电压等级	非楔型"C"形线夹或"H"形线夹	非楔型"C"形线夹或"H"形线夹	集束线绝缘对接管	压接管
0.4kV	配电变压器低压引出线与主干线连接	主线与支线、支线与支线、裸线与集束线非承力连接	集束线承力连接	主干线承力连接

5.2.8.3　绝缘子选择

低压架空线路直线杆、直线转角杆采用 P-6T 针式绝缘子，耐张、45°转角、90°转角、终端杆采用 ED 碟式绝缘子、U40C 型悬式绝缘子。

5.2.8.4　绝缘导线的防雷接地

依据 DL/T 620—1997，防雷措施可采用普通氧化锌避雷器。中性点直接接地的 380V/220V 架空线路的中性线，应在电源点接地。在干线和分支线的终端处，应将中性线重复接地。在引入建筑物处，如距接地点超过 50m，应将中性线重复接地。

5.2.8.5　线路线材

不应有松股、交叉、折叠、断裂及破损等缺陷、不应有严重的腐蚀现象，钢绞线、镀锌

铁线的表面镀锌层应良好、无锈蚀。

5.2.8.6 电杆立杆（单杆）

直线杆的横向位移不应大于50mm，直线杆的杆梢倾斜不应大于杆梢直径的1/2，转角杆、分支杆的横线路、顺线路方向的位移均不应超过50mm，转角杆杆梢应向外角预偏，紧线后不应向内角倾斜，其杆梢向外角倾斜不应大于杆梢直径，钢筋混凝土杆应采用有3m线标志的电杆，电杆的埋深一般不低于：杆高（m）/10+0.7m。

5.2.8.7 螺栓连接

螺杆与构件面应垂直，螺头平面与构件间不应有间隙。螺栓紧好后，螺杆丝扣露出的长度：单螺母不应少于两个螺距，双螺母可与螺母相平，当必须加垫圈时，每端垫圈不应超过2个。

5.2.8.8 螺栓的穿入方向

立体结构：水平方向由内向外、垂直方向由下向上。平面结构：顺线路方向，双面构件由内向外，单面构件由送电侧穿入或按统一方向；横线路方向，两侧由内向外，中间由左向右（面向受电侧）或按统一方向；垂直方向，由下向上。

5.2.8.9 绝缘子安装

在安装前应对绝缘子进行抽检，抽检不少于安装绝缘子的5%，在验收前应提交抽检记录。绝缘子安装应符合下列规定：绝缘子安装应牢固，连接可靠，防止积水，绝缘子瓷釉光滑，无裂纹、缺釉、斑点、烧痕、气泡或瓷釉烧坏等缺陷，安装时应清除绝缘子表面灰垢、附着物及不应有的涂料。绝缘子与电杆、导线金具连接处无卡压现象，耐张串上的弹簧销子、螺栓及穿钉应由上向下穿。悬垂串上的弹簧销子、螺栓及穿钉应向受电侧穿入。两边相应由内向外穿入，面向受电侧中相应由左向右穿入。瓷件与铁件组合无歪斜现象，且结合紧密，铁件镀锌良好。

5.2.8.10 导线紧固

导线紧好后，弧垂的误差不应超过设计弧垂的±5%，同档内各相导线弧垂宜一致，水平排列的导线弧垂相差不应大于50mm。

5.2.8.11 拉线安装

拉线与电杆的夹角应为45°，当受地形限制时不应小于30°，入地拉线应加装绝缘子。在断开拉线的情况下，入地拉线绝缘子距地面不应小于2.5m。终端杆的拉线及耐张杆塔的承力拉线应与线路方向对正，分角拉线应与线路分角线方向对正，防风拉线应与线路方向垂直。拉线穿过公路时，对路面中心的垂直距离不应小于6.0m，且距通车路面边缘的垂直距离不应小于5.0m，拉桩杆拉线包箍距地面不应小于5.0m。安装在人员通过、活动场所的拉线应穿保护管，管体间距200mm刷红白色漆、涂反光材料，长度不小于2m。

5.2.8.12 架空线与电缆的连接

所有接在架空线路上的出线电缆和中间联络电缆，与架空线连接的引线除直接采用架空线的尾线作引线外，其他引线应与主导线的截面一致。变电站（公用配、环网柜等）出线电缆或架空线间的联络电缆在终端杆或断联杆上，电缆引线应与线路主导线的尾线（或跳线）连接或直接利用主导线的尾线与电缆头接线端子连接，禁止直接连接在承力主导线上。在直线杆上，电缆引线可与主导线直接连接。电缆引线可采用专用软质绝缘导线，截面不应小于主导线截面，与架空线连接宜采用非楔型"C"形线夹。非楔型"C"形线夹与主导线的连接应安装在耐张线夹非受力的尾线一端。引线和电缆头的连接采用双孔的设备线夹和双孔的接线端子连接。

5.2.9   对地距离及交叉跨越

5.2.9.1   架空裸导线路与地面的距离及交叉跨越

5.2.9.1.1   线路与地面的距离，在导线最大弧垂时，不应小于表 5-12 所列数值。

表 5-12 　　　　　　　　　　导线与地面的最小距离　　　　　　　　　　　mm

线路经过地区	线路电压
	0.4kV
居民区 非居民区 交通困难地区	6.0 5.0 4.0

5.2.9.1.2   线路与山坡、峭壁、岩石之间的净空距离，在导线最大风偏情况下，不应小于表 5-13 所列数值。

表 5-13 　　　　　　　线路与山坡、峭壁、岩石之间的最小距离　　　　　　　m

线路经过地区	线路电压
	0.4kV
步行可以达到的山坡	3.0
步行不能达到的山坡、峭壁和岩石	1.0

5.2.9.1.3   线路一般不宜跨越建筑物，确需跨越应与有关单位协商或取得当地政府同意。导线与建筑物的垂直距离，在最大弧垂时，0.4kV 线路不应小于 2.5m。

5.2.9.1.4   线路边线与建筑物之间的水平距离，在最大风偏情况下，0.4kV 线路不应小于 1.0m。

5.2.9.1.5   线路通过林区时应砍伐出通道，通道宽度为线路宽度加 10m。如树木自然生长高度不超过 2m，不妨碍架线施工，可不砍伐通道。

5.2.9.1.6   线路与树木（考虑自然生长高度）之间的垂直距离不小于 3m。配电线通过公园、绿化区和防护林带，导线与树木的净空距离在最大风偏时不应小于 3m。配电线路通过果林、经济林及城市灌木林，不应砍伐通道，但导线至树梢的距离不应小于 1.5m。

5.2.9.1.7   线路的导线与街道行道树之间的距离不应小于表 5-14 所列数值。

表 5-14 　　　　　　　　导线与街道行道树之间的最小距离　　　　　　　　m

最大弧垂时的垂直距离	最大风偏时的水平距离
0.4kV	0.4kV
1.0	1.0

校验导线与树木之间的垂直距离，应考虑树木在修剪周期内的生长高度。

5.2.9.1.8   线路与甲类火灾危险性的生产厂房、甲类物品库房和易燃、易爆材料堆场以及可燃或易燃、易爆液（气）体贮罐的防火间距不应小于杆塔高度的 1.5 倍。

5.2.9.1.9 线路与弱电线路交叉时应符合表 5-15 的要求。

表 5-15 线路与弱电线路的交叉角

弱电线路等级	一级	二级	三级
交叉角（°）	≥45	≥30	不限制

5.2.9.1.10 线路应架设在弱电线路的上方，导线最大弧垂时，0.4kV 对弱电线路的垂直距离不应小于 1m。

5.2.9.1.11 线路与铁路、公路、河流、管道和索道交叉时最小垂直距离，在最大弧垂时不应小于表 5-16 所列数值。

表 5-16 线路与铁路、公路、河流、管道和索道交叉的最小垂直距离 m

线路电压（kV）	铁路至轨顶	公路	电车道	通航河流 a	特殊管道	索道
0.4	7.5	6.0	9.0	1.0	1.5	1.5

a 通航河流的距离系指与最高航行水位的最高船桅顶的距离。

5.2.9.1.12 线路与各种架空电力线路交叉跨越时的最小垂直距离，在最大弧垂时不应小于表 5-17 所列数值，且低电压线路应架设在下方。相同电压等级的线路与用户线路交叉时，线路应在上方。

表 5-17 配电线路与各种架空电力线路交叉跨越的最小垂直距离 m

配电线路电压（kV）	电力线路（kV）				
	0.4	6～10	35～110	220	330
0.4	1	2	3	4	5

5.2.9.1.13 线路与铁路交叉时，电杆外缘至轨道中心的最小水平距离为 5m。线路与铁路平行时，电杆外缘至轨道中心最小水平距离为杆塔高度加 3m。

5.2.9.2 架空绝缘线路对地距离及交叉跨越

5.2.9.2.1 架空绝缘线路对地距离，在导线最大弧垂时，不应小于表 5-18 所列数值。

表 5-18 绝缘线在最大弧垂时对地面及跨越物的最小垂直距离 m

线路跨越物	线路电压	线路跨越物	线路电压
	低压		低压
繁华地区	6.0	电车行车线	3.0
一般地区	5.0	至河流最高水位（通航）	6.0
交通困难地区	4.0	至河流最高水位（不通航）	3.0
至铁路轨顶	7.5	与索道距离	1.5
城市道路	6.0	人行过街桥	3.0

5.2.9.2.2 绝缘配电线路应尽量不跨越建筑物，如需跨越，导线与建筑物的垂直距离在最大计算弧垂情况下，0.4kV 线路不应小于 2.0m。

5.2.9.2.3 线路边线与永久建筑物之间的距离在最大风偏时，0.4kV 线路不应小于 0.2m，见表 5-19。

表 5-19　　　　　　　　　　导线与街道行道树的最小距离　　　　　　　　　m

最大弧垂情况下的垂直距离	最大风偏情况下的水平距离
低压	低压
0.2	0.5

5.2.9.2.4 架空绝缘线路对民用天线的距离在最大风偏时不应小于 1m。

5.2.9.2.5 架空绝缘线路与弱电线路交叉应符合强电在上、弱电在下，与一级弱电线路交叉时交叉角不小于 45°、与二级弱电线路交叉时交叉角不小于 30°的规定。

5.2.9.2.6 绝缘线路与弱电线路的最小距离见表 5-20。

表 5-20　　　　　　　　　　绝缘线与弱电线路的最小距离　　　　　　　　　m

类　　别	中　　压	低　　压
垂直距离	2.0	1.0
水平距离	2.0	1.0

5.2.9.2.7 绝缘线与绝缘线之间交叉跨越的最小距离见表 5-21。

表 5-21　　　　　　　　绝缘线与绝缘线之间交叉跨越的最小距离　　　　　　　m

线　路　电　压	中　　压	低　　压
低压	1.0	0.5

5.2.9.2.8 绝缘线路与架空裸线之间交叉跨越距离，应符合架空裸导线路交叉跨越距离的规定。

5.2.10　引下线的规定

5.2.10.1 引下线的第一支持物距电源侧电杆的距离不宜大于 30m。

5.2.10.2 进出配电室的引下线宜采用电缆。

5.2.10.3 采用配电室的墙作为第一支持物者，悬挂点对地面高度一般不低于 4.5m，临街时不应低于 5.0m。

5.2.10.4 线路每相引下线（引流线）与相邻的引下线（引流线）或导线之间安装后相间距离不应小于 0.3m，每相引下线（引流线）对地（电杆、电杆上的横担以及各种金属构件）的距离不应小于 0.2m。当不能满足 0.2m 时，应在合适位置加装引线横担及绝缘子。1kV 以下时不应小于 0.1m。

5.2.10.5 引下线应采用多股绝缘导线并不应有接头，导线截面应按允许载流量和机械强度选择并留有一定裕度，导线最小截面不应小于下列数值：绝缘铜导线为 35mm^2，绝缘铝导线为 70mm^2。

5.2.10.6 引下线不应跨越变压器室门的上方。

5.2.10.7 从 10kV 架空线路接 T 接电缆向客户供电时，电缆应通过装设跌落式熔断器、负荷开关或断路器连接，应在连接处装设故障寻址器。

5.2.10.8 线路跌落式熔断器的上下引线截面应与主导线一致，跌落式熔断器上下引线与高压主导线连接处应使用非楔型"C"形铜铝过渡线夹。

5.2.11 380V/220V 架空电力线路的标示要求

根据国家电网要求，为了规范架空线路标识及警示装置的管理，提高线路、设备的运行管理水平，保障线路、设备的安全运行，依据 Q/GDW 742 的相关要求：

a）380V/220V 架空线路标识装置的分类。380V/220V 架空线路标识装置按材料分可分为粘贴式聚酯材料、油漆涂写、铝板材料等；380V/220V 架空线路标识装置按功能分可分为杆号标识牌、柱上漏电分支保护箱标识牌等。

b）380V/220V 架空线路警示装置的分类。380V/220V 架空线路警示装置采用荧光材料，按功能可分为保护区警示牌、交叉跨越安全警示牌、禁止攀登警示牌、拉线反光警示标识、防撞警示标识等。

5.2.11.1 10kV 线路杆塔杆号采取统一规格，用漆喷刷的方式，字体采用 100mm×100mm 黑体加黑汉字。编号数字采用阿拉伯数字，黑体字体，线路标示面向路中心一侧。杆号标示高度以最下部字符距地面 2.5m 为准。

5.2.11.2 同杆双回路或多回路排列的，杆上应分别标明线路名称并在名称上方标明方位，如："北 ××线"，"南 ××线"。

5.2.11.3 从架空线上连接的电缆，应在上电缆的杆上标明电缆的起始位置，如："从××板来"，"到××线×#杆去"，其喷号位置应与电缆同侧。

5.2.12 在验收时应提交的资料和文件

竣工图、设计资料及图纸、安装技术记录（包括隐蔽工程记录）、交叉跨越距离记录及有关协议文件、调整试验记录、接地电阻实测值记录、规划许可、环境保护等有关的批准文件、在验收时应检查的项目、架空导线的规格与型号、线路设备的标志、电杆组立的各项误差、拉线的制作和安装、导线的弧垂、相间距离、对地距离、交叉跨越距离及对建筑物的邻近距离、线路设备的完整性、线路相位的接续、接地装置的敷设、沿线障碍物的清除。

5.2.13 低压架空线路、绝缘导线的验收

5.2.13.1 导线型号、规格应符合设计要求。

5.2.13.2 电杆组合的各项误差应符合规定。

5.2.13.3 电气设备外观完整、无缺损，线路设备标志齐全。

5.2.13.4 拉线的制作和安装应符合规定。

5.2.13.5 导线的弧垂、相间距离、对地距离及交叉跨越距离符合规定。

5.2.13.6 导线上无异物。

5.2.13.7 配套的金具、卡具应符合规定。

5.2.13.8 导线在绝缘子上的固定绑扎应使用不小于 2.5mm^2 的单芯铜塑线。

5.2.13.9   低压线路采用水平排列（分相架设），如线路附近有建筑物时，中性线应靠近建筑物侧。同一供电区域导线的排列相序应一致，中性线截面应与相线一致。

5.2.13.10   水平排列的低压导线线间距离不小于 0.4m。

5.2.13.11   水平排列的低压线路与高压线路同杆架设时，横担间的垂直距离：直线杆 1.2m，分支杆和转角杆 1m。

5.2.13.12   同杆架设的低压多回线路，横担间的垂直距离：直线杆 0.6m，分支杆和转角杆 0.3m。

5.2.13.13   直线杆应采用 P-10T 针式绝缘子，耐张杆应采用一片 X-3C 或一片 X-4.5 悬式绝缘子。

5.2.14   低压集束线的连接要求

5.2.14.1   低压集束线的 T 接必须采用非楔型 "C" 形线夹或 "H" 形线夹进行 T 接。

5.2.14.2   中间接头的连接应采用与导线型号相符的压接管进行连接。

5.2.14.3   低压集束绝缘线非承力接头应相互错开，各接头端距不小于 0.2m。

5.2.14.4   低压绝缘线水平排列时，直线杆采用低压针式绝缘子；沿墙敷设时，可用预埋件或膨胀螺栓及低压蝶式绝缘子，预埋件或膨胀螺栓的间距以 6m 为宜。低压绝缘线耐张杆或沿墙敷设的终端采用有绝缘衬垫的耐张线夹，不需剥离绝缘层，也可采用一片悬式绝缘子与耐张线夹。

5.2.14.5   低压集束线绝缘层划伤厚度小于 1/2 时，应采用绝缘自粘带处理；大于 1/2 或大面积绝缘层被破坏时，应将导线锯断重新连接。

5.2.15   集束绝缘线的固定

5.2.15.1   中压集束绝缘线直线杆采用悬式绝缘子和悬挂线夹，耐张杆采用耐张线夹。

5.2.15.2   低压集束绝缘线直线杆采用有绝缘衬垫的悬挂线夹，耐张杆采用有绝缘衬垫的 JX_4L 型耐张线夹。

5.2.15.3   固定低压集束线方法：

5.2.15.3.1   钢绞线悬挂法。使用 GJ-35 或 GJ-50 钢绞线在杆塔上或建筑物上固定好，然后用大于集束线外径的线卡将集束线固定在钢绞线上，线卡间的距离为 1m。集束线两端采用 NL 型绝缘耐张线夹紧固。钢绞线均应单独接地，接地电阻不大于 30Ω。

5.2.15.3.2   直接安装法。在档距小于 25m 时，应采用直接安装法将集束线进行紧固，即两端采用 NL 型绝缘耐张线夹紧固，中间采用悬挂线夹固定。

5.2.15.4   导线间的距离。

5.2.15.4.1   同杆架设的中、低压绝缘线路，横担之间的最小垂直距离和导线支承点间的最小水平距离见表 5-22。

表 5-22   中、低压绝缘线路最小距离   m

类　　别	最小垂直距离	最小水平距离
中压与中压	0.5	0.5
中压与低压	1.0	—
低压与低压	0.3	0.3

5.2.15.4.2 中压绝缘线路每相过引线、引下线与邻相的过引线之间的净空距离不应小于 300mm，中压绝缘线路每相引下线与低压绝缘线之间的净空距离不应小于 200mm；中压绝缘线与拉线、电杆或构架间的净空距离不应小于 200mm。中压架空绝缘线的线间距离应不小于 0.4m。

5.2.15.4.3 低压绝缘线每相过引线、引下线与邻相的过引线、引下线之间的净空距离不应小于 100mm，低压绝缘线与拉线、电杆或构架间的净空距离不应小于 50mm。

5.2.15.5 线路停电工作接地点的设置。

5.2.15.5.1 配电变压器的一、二次侧。

5.2.15.5.2 中压干线每隔 500m 应设一处接地点。

5.2.15.5.3 较大的分支杆、"十"字杆处。

5.2.15.5.4 双电源（或多电源）用户分支杆。

5.2.16　低压集束绝缘线的验收

5.2.16.1 集束绝缘线使用钢绞线悬挂法敷设时，应先将钢绞线在杆塔上或建筑物上固定好，然后用大于集束线外径的线卡将集束线固定在钢绞线上，线卡间的距离为 1m。集束线两端采用绝缘耐张线夹紧固。钢绞线均应单独接地，接地电阻不大于 30Ω。

5.2.16.2 集束线首端、末端受力部分应使用绝缘耐张线夹固定在"工"字铁或角铁联板上，首端、末端受力部分不允许使用三脚架，绝缘耐张线夹的型号应与集束线配套。

5.2.16.3 集束线不允许接触杆塔、横担、"工"字铁、角铁联板等接地物或建筑物。

5.2.16.4 集束线严禁固定在临时建筑物上（临时用电除外）。

5.2.16.5 新建或改造后的接户线不允许有接头，并取消接户线与进户线间的羊角保险。

5.2.17　380V/220V 接户线

5.2.17.1 接户线的档距及线号

5.2.17.1.1 接户线指架空绝缘配电线路与用户建筑物外第一支持点之间的一段线路。

5.2.17.1.2 低压接户线档距不宜超过 25m，中压接户线档距不宜大于 30m。接户线的档距不宜大于 25m，沿墙敷设的接户线以及进户线两支持点间的距离不应大于 6m。接户线的总长度（包括沿墙敷设部分）不宜超过 50m。

5.2.17.1.3 6～10kV 绝缘接户线铜芯线路的截面积不应小于 25mm²，0.4kV 线路绝缘接户线铝及铝合金线路的截面积不应小于 70mm²，0.4kV 绝缘接户线铜芯线路的截面积不应小于 10mm²、铝及铝合金芯线截面积不应小于 35mm²。

5.2.17.1.4 低压接户线不应从 1～10kV 引下线间穿过，且不应跨越铁路。

5.2.17.1.5 中压绝缘接户线的线间距离不应小于 0.4m。分相架设的低压绝缘接户线的最小线间距离见表 5-23。

表 5-23　　　　　　　　　分相架设的低压绝缘接户线的最小线间距离　　　　　　　　　　　　m

架　设　方　式		档距（m）	线间距离（m）
自电杆上引下		25 及以下	0.15
沿墙敷设	水平排列	4 及以下	0.10
	垂直排列	6 及以下	0.15

5.2.17.1.6　接户线与主杆绝缘线连接应用绝缘 "H" 形或非 "C" 形线夹。三相四线接户线中性线在进户处应有重复接地，接地可靠，接地电阻小于 30Ω。

5.2.17.2　接户线对地及交叉跨越距离

5.2.17.2.1　绝缘接户线受电端的对地面距离，6～10kV 绝缘接户线不应小于 4m，0.4kV 绝缘接户线不应小于 2.5m。

5.2.17.2.2　跨越街道的低压绝缘接户线至路面中心的垂直距离，通车街道不应小于 6m、通车困难的街道不应小于 4.5m。

5.2.17.2.3　低压绝缘接户线与建筑物有关部分的距离，与接户线下方窗户的垂直距离不应小于 0.3m、与接户线上方阳台或窗户的垂直距离不应小于 0.8m、与阳台或窗户的水平距离不应小于 0.75m、与墙壁构架的距离不应小于 0.05m。

5.2.17.2.4　低压绝缘接户线与弱电线路交叉距离，低压接户线在弱电线路的上方 0.6m 处，低压接户线在弱电线路的下方 0.3m 处。

如不能满足上述要求，应采取隔离措施。

5.2.17.3　接户线的固定要求

5.2.17.3.1　在杆上应固定在绝缘子或线夹上，固定时接户线不得本身缠绕，应用单股塑料铜线绑扎。

5.2.17.3.2　在用户墙上使用挂线钩、悬挂线夹、耐张线夹和绝缘子固定。

5.2.17.3.3　低压接户线通过进户线分接箱后接入用户计量表箱。

5.2.17.4　低压接户线的验收

5.2.17.4.1　适用于电压在 1kV 以下，采用绝缘导线，档距在 25m 以内，自电杆引至建筑物墙外第一支持物之间的线路施工、验收。

5.2.17.4.2　分相架设的接户线（含集束线）安装后在最大弧垂情况下，对路面中心垂直距离不应小于下列规定：

a）通车街道：6.0m。

b）通车困难的街道、人行道、胡同（里、弄、巷）：3.5m。

c）进户点的对地距离不应大于 4.5m，不应小于 2.7m。

5.2.17.4.3　接户线的线间距离除绝缘集束线外，不应小于下列规定数值：

a）自电杆引下：200mm。

b）沿墙敷设：150mm。

5.2.17.4.4　分相架设的接户线（含集束线）安装后与建筑物有关部分的距离，应不小于下列规定数值：

a）与上方窗户或阳台的垂直距离：0.8m。

b）与下方窗户的垂直距离：0.3m。

c）与下方阳台的垂直距离：2.5m。

d）与窗户或阳台的水平距离：0.75m。

e）与墙壁、构架的距离：0.05m。

5.2.17.4.5　分相架设的接户线（含集束线）与弱电线路的交叉距离不应小于下列数值：

a）在弱电线路上方时：0.6m。

b）在弱电线路下方时：0.3m。

c）如不能满足以上要求，应采取可靠隔离措施。

5.2.17.4.6 接户线（含集束线）不宜跨越建筑物。如必须跨越时，在最大弧垂情况下对建筑物的垂直距离不应小于 2.5m。

5.2.17.4.7 一个电杆不应同杆架设两个电源引入的接户线。

5.2.17.4.8 不同规格、不同金属的接户线不应在档距内连接，跨越通车街道的接户线不宜有接头。

5.2.17.4.9 接户线的跳引线如遇铜、铝连接时应有铜铝过渡措施。

5.2.17.4.10 接户线在建筑物的进户处应留有防水弯。

5.3 380V/220V 电缆线路

5.3.1 环境条件选择

380V/220V 电力电缆的典型环境条件见表 5-24。

表 5-24 380V/220V 电力电缆的典型环境条件

项 目		单 位	参 数
海拔		m	≤4000
最高环境温度		℃	+45
最低环境温度		℃	−40
土壤最高环境温度		℃	+35
土壤最低环境温度		℃	−20
日照强度（户外）		W/cm^2	0.1
湿度	日相对湿度平均值	%	≤95
	月相对湿度平均值		≤90
雷电日		d/a	40
最大风速（户外）		(m/s)	35
电缆敷设		直埋、排管、电缆沟、电缆隧道、空气中	

5.3.2 电缆选择原则

a）电力电缆选用应满足负荷要求、热稳定校验、敷设条件、安装条件、对电缆本体的要求、运输条件等。

b）对于 1000m＜海拔≤4000m 的高海拔地区，由于温度过低，会使电气设备内某些材料变硬变脆，影响设备的正常运行。同时由于昼夜温差过大，易产生凝露，使零部件变形、开裂等。因而，高原地区电缆设备选型应结合地区的运行经验提出相应的特殊要求，需要校验其电气参数或选用高原型的电气设备产品，电力电缆的最低长期使用温度为-40℃。

5.3.3 电缆型号及使用范围

380V/220V 电力电缆线路一般选用单芯、二芯、四芯、五芯电缆，电力电缆的型号、名称、适用电压等级及选用原则应满足现行国家相关规范，见表 5-25。

表 5-25 　　　　　　　　　　**电缆型号、名称及其适用范围**

型　　号		名　　称	适　用　范　围
铝芯	铜芯		
	ZC-YJY22	阻燃 C 级交联聚乙烯绝缘钢带铠装聚乙烯内护套电力电缆	可用于土壤直埋敷设，能承受机械外力作用，但不能承受大的拉力
	ZC-YJV22	阻燃 C 级交联聚乙烯绝缘钢带铠装聚氯乙烯内护套电力电缆	
	ZC-YJY	阻燃 C 级交联聚乙烯绝缘聚乙烯内护套电力电缆	不能承受机械外力作用
	ZC-YJV	阻燃 C 级交联聚乙烯绝缘聚氯乙烯内护套电力电缆	
ZC-YJLV22		阻燃 C 级交联聚乙烯绝缘钢带铠装聚氯乙烯内护套铝芯电力电缆	可在土壤直埋敷设，能承受机械外力作用，但不能承受过大的拉力
	JKTRYJZ	阻燃交联聚烯烃单芯柔性铜芯电力电缆	柱上配电箱进线电力电缆，不能承受拉力与压力

a）导体运行最高允许温度按表 5-26 选择。

表 5-26 　　　　　　　　　　**电缆运行最高允许温度**

绝缘类型	最高允许温度（℃）	
	持续工作	短路暂态
交联电缆	90	250

b）电缆导体最小截面的选择，应同时满足规划载流量和通过可能的最大短路电流时热稳定的要求。

c）连接回路在最大工作电流作用下的电压降，不得超过该回路允许值。

d）电缆导体截面的选择应结合敷设环境来考虑，1kV 及以下常用电缆可参考规范中相应环境下导体载流量，并结合考虑不同环境温度、不同管材热阻系数、不同土壤热阻系数及多根电缆并行敷设时等各种载流量校正系数来综合计算。

380V/220V 电力电缆推荐采用以下型号：ZC-YJY（YJV）22–0.6/1kV–4×35～4×240、ZC-YJY（YJV）–0.6/1kV–2×16～2×50、ZC-YJY（YJV）–0.6/1kV–4×16～4×240、ZC-YJY（YJV）–0.6/1kV–4×16～4×240+1×10～1×120、YFD-ZC-YJY–0.6/1kV–1×35～1×240、ZC-YJLV22–0.6/1kV–4×50～4×150、JKTRYJZ–1kV–1×240。

电缆铠装、外护套选择见表 5-27。

表 5-27 　　　　　　　　　　**电缆铠装、外护套选择**

敷　设　方　式	加强层或铠装	外　护　层
直埋	铠装（4 芯）	聚氯乙烯
排管、电缆隧道、电缆井、电缆沟	铠装/无铠装（4 芯）	聚氯乙烯或聚乙烯
空气中	无铠装（4 芯）	聚氯乙烯或聚乙烯

（1）在潮湿、含化学腐蚀环境或易受水浸泡的电缆，宜选用聚乙烯等材料类型的外护套。

（2）在保护管中的电缆，应具有挤塑外护层。

（3）在电缆夹层、电缆隧道等防火要求高的场所宜采用阻燃耐火外护层，并根据防火要求选择相应的阻燃及耐火等级。

（4）有白蚁危害的场所应采用金属铠装，或在非金属外护套外采用防白蚁护层。

（5）有鼠害的场所宜采用金属铠装，或采用硬质护层。

（6）有化学溶液污染的场所应按其化学成分采用相应材质的外护层。

5.3.4　电缆附件选择

电力电缆附件是指在电力电缆线路中与电缆配合使用的各种接头及终端连接件。电缆附件应按电缆线路的电压等级、绝缘类型、运行环境、海拔高程、作业条件等因素进行设计选型，并满足电缆线路的运行可靠性和技术经济合理性等要求，电缆附件应具有使用寿命长、安全可靠性高、安装方便的性能。

a）电缆附件的每一导体与金属护套之间的额定工频电压（U_0）、任何两相线之间的额定工频电压（U）、任何两相线之间的运行最高电压（U_m）应满足表 5-28 要求。

b）电缆终端的选择。外露于空气中的电缆终端装置类型应按下列条件选择：

1）不受阳光直接照射和雨淋的室内环境应选用户内终端。

2）受阳光直接照射和雨淋的室外环境应选用户外终端。对电缆终端有特殊要求的，选用专用的电缆终端。

表 5-28　U_0、U、U_m 规定值

U_0/U（kV）	0.6/1
U_m（kV）	1.2
电缆额定电压（kV）	0.6/1

目前最常用的终端类型有热缩型、冷缩型，在使用上根据安装位置、现场环境等因素进行相应选择。

5.3.5　电缆防雷及过电压保护

需要考虑电缆线路的雷电过电压和操作过电压的保护，过电压水平应低于电缆线路的绝缘水平。

a）电缆线路的过电压保护。为防止电缆和电缆附件的主绝缘遭受过电压损坏，应采取以下保护措施：

1）电缆线路与架空线相连的一端应装设避雷器。

2）电缆线路在下列情况下，应在两端分别装设避雷器。

——电缆一端与架空线相连，而线路长度小于其冲击特性长度。

——电缆两端均与架空线相连。

b）避雷器的特性参数选择。避雷器的主要特性参数应符合下列规定：

1）冲击放电电压应低于被保护的电缆线路的绝缘水平，并留有一定裕度。

2）冲击电流通过避雷器时，两端子间的残压值应小于电缆线路的绝缘水平。

3）当雷电过电压侵袭电缆时，电缆上承受的电压为冲击放电电压和残压，两者之间数值较大者称为保护水平 U_p，电缆每一导体与金属护套之间的基准绝缘水平=（120%～130%）U_p。

c）避雷器的额定电压为最大工作线电压的 110%。

5.3.6 电缆线路系统的接地

电缆的铠装、电缆支架和电缆附件的支架必须可靠接地。冻土地区接地应考虑高土壤电阻率和冻胀灾害。高原冻土的平均土壤电阻率都在 3000～5000Ω·m 之间，根据当地运行情况进行处理。可采用换土填充等物理性降阻剂进行，禁止使用化学类降阻剂。电力电缆应在电缆终端位置将金属铠装层经接地引线（铜编织带）引出后接地，须采用两端直接接地。

5.3.7 电缆与电缆或管道、道路、构筑物等相互间距

电缆与电缆或管道、道路、构筑物等相互间距见表 5-29。

表 5-29 电缆与电缆或管道、道路、构筑物等相互间最小净距

电缆直埋敷设时的配置情况		平行（m）	交叉（m）
电力电缆之间或与控制电缆之间	10kV 及以下	0.1	0.5*
不同部门使用的电缆间		0.5**	0.5*
电缆与地下管沟及设备	热力管沟	2.0**	0.5*
	油管及天然气管道	1.0	0.5*
	其他管道	0.5	0.5*
电缆与铁路	非直流电气化铁路路轨	3.0	1.0
	直流电气化铁路路轨	10.0	1.0
电缆与建筑物基础		0.6***	
电缆与公路边		1.0***	
电缆与排水沟		1.0***	
电缆与树木的主干		0.7	
电缆与 1kV 以下架空线电杆		1.0***	
电缆与 1kV 以上架空线杆塔基础		4.0***	

　*　用隔板分隔或电缆穿管时可为 0.25m。

　**　用隔板分隔或电缆穿管时可为 0.1m。

　***　特殊情况可酌减且最多减少一半值。

（1）对于 1000m 海拔不大于 4000m 的高海拔地区的电力电缆之间的相互间距应适当增加，建议表中数值调整为平行 0.2m，交叉 0.6m。

（2）对于 1000m 海拔不大于 4000m 的高海拔地区的电缆应尽量减少与热力管道等发热类地下管沟及设备的交叉，当无法避免时，建议表中数值调整为平行 2.5m、交叉 1.0m。

5.3.8 电缆防火

一般情况下应选用阻燃电缆。对电缆可能着火蔓延导致严重事故的回路、易受外部影响

涉及火灾的电缆密集场所（如电缆沟、隧道位置），应设置适当的阻火分隔，并应按工程重要性、火灾概率及其特点和经济合理等因素考虑防火措施。

具体防火措施须执行相应低压规程规范及民用建筑设计规范的要求。

5.3.9 构筑物防水通风

电缆构筑物的防水应根据场地地下水及地表水下渗状况，选用适当的防水措施和防水材料。

电缆隧道一般采用自然通风，特殊情况时应考虑机械通风，当有地上设施时，其建筑设计应与周围环境相适应。

电缆沟和电缆隧道内的温度不应超过当地最热月的日最高温度平均值加 5℃。如缺乏准确计算资料，则当功率损失达 150W/m 时，应考虑采用机械通风。

5.3.10 模块方案

380V/220V 电缆典型方案分为直埋、排管、电缆隧道、电缆沟、电缆井、空气中模块 6 部分。原则上 380V/220V 电缆模块参照《国家电网公司配电网工程典型设计 10kV 电缆分册（2013 版）》，考虑 380V/220V 电网特点，在排管敷设方案中将 10kV 通信管取消后，新增的敷设模块见表 5-30。

表 5-30　　　　　　　　　380V/220V 电缆排管敷设典型方案表

序号	敷设方式	断面规模（m）	备　　注
1	直埋	0.4	预制式钢筋混凝土构件（C 型）
2		0.4	预制式钢筋混凝土构件（凸型）
1	排管	1×4	1×4 孔+2 孔（通信管）
2		1×6	1×6 孔+2 孔（通信管）
3		2×5	2×5 孔+2 孔（通信管）
4		2×6	2×6 孔+2 孔（通信管）
5		4×6	4×6 孔
1	电缆井	6×2×2	整体现浇钢筋混凝土直线井
2		3×2×2	整体现浇钢筋混凝土直线井
3		6×2×2	整体现浇钢筋混凝土转角井
4		6×2×2	整体现浇钢筋混凝土三通井

5.3.11 在验收时应提交的资料和文件

5.3.11.1 电缆线路路径的规划文件及有关协议文件。

5.3.11.2 设计资料图纸、电缆清册、变更设计文件和竣工图。

5.3.11.3 电缆线路的竣工图，比例为 1:500。在地下管线路稀少、地形简单的地段可为 1:1000，竣工图应写清电缆的规格型号及实际电缆敷设总长度及分段长度。平行敷设的电缆线路可以合用一张图纸，图上应标明各条线路的相对位置，并有电缆线路的横断面图和纵断面图。

5.3.11.4　敷设在公用电缆通道的电缆应有电缆排序图。

5.3.11.5　制造厂家提供的产品说明书、试验报告、合格证件。

5.3.11.6　电缆及电缆附件安装记录和试验报告。

5.3.11.7　提供电缆工资质证明。

5.3.12　在验收时应检查的项目

5.3.12.1　电缆规格应符合设计要求，电缆排列整齐、排序正确、无机械损伤。

5.3.12.2　电缆标志牌装设齐全、正确、清晰。电缆的首端、尾端（检查井内）及主要转弯处应设标志牌，注明电缆编号、规格、长度、起点和终点。

5.3.12.3　电缆的固定方式、弯曲半径、有关距离等应符合要求。

5.3.12.4　电缆接地端接地良好。

5.3.12.5　电缆终端的相色应正确，电缆支架等的金属部件防腐层应完好。

5.3.12.6　电缆沟内应无杂物，盖板齐全，隧道内应无杂物，照明、通风、排水等设施应符合设计。

5.3.12.7　直埋电缆路径标志应与实际路径相符。路径标志应清晰、牢固、间距适当，直线段每隔 15m 处、电缆接头处、电缆转弯处、电缆进入建筑物等处应设置明显的方位标砖或标桩。在草坪或绿化带应采用标桩，标桩超出地面不大于 150mm。

5.3.12.8　防火措施应符合设计要求，且施工质量合格。

5.3.13　电缆的紧固与接地

5.3.13.1　电缆及其附件安装用的钢制紧固件除地脚螺栓外，应用热镀锌制品。

5.3.13.2　三芯电力电缆终端处的金属护层必须接地良好，塑料电缆每相铜屏蔽和钢铠应锡焊接地线。

5.3.13.3　电缆通过零序电流互感器时，电缆金属护层和接地线应对地绝缘。电缆接地点在互感器以下电源侧时，接地线应直接接地；接地点在互感器以上负荷侧时，接地线应穿过互感器接地。

5.3.14　电缆桥架

5.3.14.1　电缆梯架（托盘）的支（吊）架、连接件、防腐类型和附件的质量应符合有关技术标准和设计要求。

5.3.14.2　梯架（托盘）在每个支吊架上的固定应牢固。梯架（托盘）连接板的螺栓应紧固，螺母应位于梯架（托盘）的外侧。

5.3.14.3　电缆桥架转弯处的转弯半径不应小于该桥架上的最大电缆的最小允许弯曲半径。

5.3.14.4　金属电缆支架全长均应有良好的接地。

5.3.15　电缆终端头与中间接头

5.3.15.1　电缆终端头与中间接头的型式、规格应与电缆的电压、芯数、截面、护层结构和环境要求一致。

5.3.15.2 所用材料、部件应符合技术要求。

5.3.15.3 并列敷设的电缆其接头的位置宜相互错开。

5.3.15.4 电缆明敷时的接头应用托板托置固定。

5.3.15.5 直埋电缆接头盒外面应有防止机械损伤的保护盒。

5.3.16 电缆排管

5.3.16.1 电缆排管在纵向连接处的弯曲度应满足牵引电缆时不致损伤的要求。

5.3.16.2 电缆排管管孔端口应有防止损伤电缆的处理。

5.3.17 电缆排管的工井

5.3.17.1 工井净宽应根据安装在同一工井内直径最大的电缆接头和接头数量以及施工机具安置所需空间设计,且净高不宜小于 1.9m。

5.3.17.2 每个封闭式工井应设置直径不小于 700mm 的人孔井两个。

5.3.17.3 安装在工井内的金属构件皆应用镀锌扁钢与接地装置连接,接地电阻不应大于 10Ω。

5.3.17.4 每座工井的底板应设有集水坑,向集水坑泄水坡度不应小于 0.3%,且应位于人孔井的正下方。

5.3.18 低压电缆的敷设

5.3.18.1 电缆不应敷设在易燃、易爆及可燃的气体管道或液体管道的隧道或沟道内,电缆不应敷设在热力管道的隧道或沟道内。

5.3.18.2 支撑电缆的构架采用钢制材料时应采用热镀锌等防腐措施。在较严重腐蚀的环境中应采取相适应的防腐措施。

5.3.18.3 无铠装的电缆在室内水平敷设时,其对地面的距离不应小于 2.5m。当不能满足上述要求时,应有防止电缆机械损伤的措施。

5.3.18.4 相同电压等级的电缆并列明敷时,电缆的水平净距不应小于 35mm,且不应小于电缆的外径。当电缆在桥架托盘和线槽内敷设时,不受此限制。

5.3.18.5 低压电缆与 1kV 以上电力电缆宜分开敷设。当并列明敷时,其净距不应小于 150mm。

5.3.18.6 电缆在室内埋地穿管敷设时或电缆通过墙、楼板穿管时,穿管的内径不应小于电缆外径的 1.5 倍。

5.3.19 电缆在电缆桥架内的敷设

5.3.19.1 电缆桥架距地面的高度,不宜低于 2.5m。

5.3.19.2 电缆在桥架内敷设时,电缆总截面面积与桥架横断面面积之比:电力电缆不应大于 40%、控制电缆不应大于 50%。

5.3.19.3 电缆明敷时其电缆固定部位构架形式应符合表 5-31 的要求。

表 5-31　　　　　　　　　　　　　　　　电缆固定部位构架形式

敷设方式	构　架　形　式	
	电缆支架	电缆桥架
垂直敷设	电缆的首端和尾端	电缆的上端
	电缆与每个支架的接触处	每隔 1.5～2m 处
水平敷设	电缆的首端和尾端	电缆的首端和尾端
	电缆与每个支架的接触处	电缆转弯处
		电缆其他部位每隔 5～10m 处

5.3.19.4　电缆桥架内每根电缆每隔 50m 处及电缆的首端、尾端及转弯处应设标记，注明电缆编号、型号规格、起点和终点。

5.3.20　电缆在电缆沟或隧道内敷设

5.3.20.1　电缆在电缆沟或隧道内敷设时，其支架层间垂直距离和通道宽度的最小距离应符合表 5-32 的规定。

表 5-32　　　　　　　　　支架层间垂直距离和通道宽度最小距离　　　　　　　　　　　　m

名　　称		电缆隧道	电缆沟	
			沟深 0.6m 及以下	沟深 0.6m 以上
通道宽度	两侧设支架	1.0	0.3	0.5
	一侧设支架	0.9	0.3	0.45
支架层间垂直距离	电力线路	0.2	0.15	0.15
	控制线路	0.12	0.1	0.1

5.3.20.2　电缆沟应能实现排水畅通，电缆沟的纵向排水坡度不宜小于 0.3%，沿排水方向在标高最低部位宜设集水坑。

5.3.20.3　在多层支架上敷电缆时，电力电缆应放置在控制电缆的上层，在同一支架上的电缆可并列敷设。

5.3.20.4　当两侧均有支架时，1kV 及以下的电力电缆和控制电缆应与 1kV 以上的分别敷设于不同侧支架上。

5.3.20.5　电缆支架的长度，在电缆沟内不宜大于 350mm，在隧道内不宜大于 500mm。

5.3.20.6　电缆在电缆沟或隧道内敷设时，支架间或固定点间的最大间距应符合表 5-33 的规定。

表 5-33　　　　　　　　　　　　支架间或固定点间的最大间距　　　　　　　　　　　　　　m

敷设方式	塑料护套、铝包、铅包、钢带铠装		钢丝铠装
	电力电缆	控制电缆	
水平敷设	1.0	0.8	3.0
垂直敷设	1.5	1.0	6.0

5.3.20.7 电缆沟一般采用钢筋混凝土盖板，盖板的质量不宜超 50kg。

5.3.21 电缆的埋地敷设

5.3.21.1 电缆直接埋地敷设时，沿同一路径的电缆数量不宜超过 3 根。

5.3.21.2 电缆在室外直接埋地敷设时，电缆顶层距地面深度不应小于 700mm，当直埋于农田时不应小于 1000mm，并在电缆上下各均匀铺设细砂层，其厚度宜为 100mm，在细砂层上应覆盖混凝土保护板等保护层，保护层宽度应超出电缆两侧各 50mm。

5.3.21.3 电缆通过建筑物的基础、散水坡、楼板、穿过墙体、铁路、道路和可能受到机械损伤的地段应穿管保护，保护管的内径不应小于电缆外径的 1.5 倍。

5.3.21.4 埋地敷设的电缆之间及其与各种设施平行或交叉的最小净距应符合表 5-34 的规定。

表 5-34　　　　埋地敷设的电缆之间及其与各种设施平行或交叉的最小净距　　　　　　m

项　　目	敷　设　条　件	
	平行时	交叉时
建筑物构筑物基础	0.5	
电杆	0.6	
乔木	1.5	
灌木丛	0.5	
1kV 及以下电力电缆之间以及与控制电缆之间	0.1	0.5（0.25）
通信电缆	0.5（0.1）	0.5（0.25）
热力管沟	2.0	0.5
水管、压缩空气管	1.0（0.25）	0.5（0.25）
可燃气体及易燃液体管道	1.0	0.5（0.25）
铁路	3.0（与轨道）	1.0（与轨底）
道路	1.5（与路边）	1.0（与路面）
排水明沟	1.0（与沟边）	0.5（与沟底）

注　1. 路灯电缆与道路灌木丛平行距离不限。

　　2. 表中括号内数字是指局部地区电缆穿管，加隔板保护或加隔热层保护后允许的最小净距。

　　3. 电缆与铁路的最小净距不包括电气化铁路。

5.3.21.5 电缆与建筑物平行敷设时电缆应埋设在建筑物的防水坡外。电缆引入建筑物时所穿保护管应超出建筑物散水坡 100mm。

5.3.21.6 埋地敷设电缆的接头盒下面必须垫混凝土基础板，其长度宜超出接头保护盒两端 0.6～0.7m。

5.3.21.7 在带坡度敷设电缆地埋时，中间接头应保持水平。多根电缆并列敷设时中间接头的位置应互相错开，其净距不应小于 0.5m。

5.3.21.8 电缆敷设的弯曲半径与电缆外径的比值应符合要求，不应小于表 5-35 的规定。

表 5-35　　　　　　　　　　　　电缆敷设的弯曲半径与电缆外径的比值

电缆护套类型		电力电缆		其他多芯电缆
		单芯	多芯	
金属	铅	25	15	15
	铝	30	30	30
	纹铝套和纹钢套	20	20	20
非金属护套		20	15	无铠装 10，有铠装 15

注　其他多芯电缆指控制信号电缆。

5.3.22　电缆排管的敷设

5.3.22.1　排管安装时，应有倾向人孔井侧不小 0.5%的排水坡度，并在人孔井内设集水坑，以便集中排水。

5.3.22.2　排管顶部距地面不应小于 0.7m，在人行道下面时，不应小于 0.5m。

5.3.22.3　排管沟底部应垫平夯实，并应铺设厚度不小于 60mm 的混凝土垫层。

5.3.22.4　排管可采用硬质塑料管、树脂管、炭素管或涂塑钢管。

5.3.23　电缆在排管内的敷设

5.3.23.1　电缆在排管内的敷设，应采用塑料护套电缆或裸铠装电缆。

5.3.23.2　排管孔的内径不应小于电缆外径的 1.5 倍。穿电力电缆的管孔内径不应小于 90mm，穿控制电缆的管孔内径不应小于 75mm。

5.3.24　电缆的中间检查

5.3.24.1　电缆管的外观

5.3.24.1.1　电缆管不应有穿孔、裂缝和显著的凹凸不平，内壁应光滑。

5.3.24.1.2　金属电缆管不应有锈蚀。在温度过高或过低的场所应采用涂塑钢管，不得使用硬质塑料管。在易受机械损伤的地方和在受力较大处直埋时，应采用足够强度的管材。

5.3.24.1.3　管口应无毛刺和尖锐棱角，钢管管口宜做成喇叭形。

5.3.24.1.4　电缆管在弯制后，不应有裂缝和显著的凹瘪现象，其弯扁程度不宜大于管子外径的 10%。电缆管的弯曲半径不得小于所穿入电缆的最小允许弯曲半径。

5.3.24.2　电缆管的连接

5.3.24.2.1　金属电缆管连接应牢固，密封应良好，两管口应对准。

5.3.24.2.2　套接的短套管或带螺纹的管接头的长度，不应小于电缆管外径的 2.2 倍。金属电缆管不宜直接对焊。

5.3.24.2.3　硬质塑料管在套接或插接时，其插入深度宜为管子内径的 1.1～1.8 倍。在插接面上应涂以胶合剂粘牢密封，采用套接时套管两端应封焊。

5.3.24.2.4　引至设备的电缆管管口位置，应便于与设备连接并不妨碍设备拆装和进出。并列敷设的电缆管管口应排列整齐。

5.3.25　电缆的标志要求

5.3.25.1　10kV 电缆线路标示牌采取统一规格，白底、用红色油漆书写，字体采用 50mm×

50mm 的正楷字，编号数字采用阿拉伯数字。

5.3.25.2 在电缆终端头、电缆接头、拐弯处、夹层内、隧道及竖井的两端、人井内两端等地方，电缆上应装设标志牌，隧道内标志牌的间隔距离不大于 15m。

5.3.25.3 标志牌上应注明线路编号、电缆型号、规格及起止地点，即"从××变××板来"，"到××配×#板去"，并联使用的电缆应有顺序号。电缆的终端头顶部应用黄绿红漆标明相位。

5.3.25.4 从架空线上连接的电缆，应在上电缆杆上标明电缆的起始位置，如："从××板来"，"到××线×#杆去"，端头引线应标明相位。

5.3.25.5 标志牌规格宜统一，标志牌应能防腐，挂装应牢固。标志牌的字迹应清晰不易脱落。

5.3.26 电缆的排列与固定

5.3.26.1 电力电缆和控制电缆不应安装在同一层支架上。

5.3.26.2 高低压电力电缆、强电与弱电控制电缆应按顺序分层配置，一般情况宜由上而下配置。

5.3.26.3 并列敷设的电力电缆其相互间距应符合设计要求。

5.3.26.4 垂直敷设或与地面夹角超过 45°倾斜敷设的电缆，在桥架上每隔 2m 处应固定。

5.3.26.5 水平敷设的电缆，在电缆首末两端及转弯、电缆接头的两端处应固定。当对电缆间距有要求时，每隔 5～10m 处应固定。

5.3.27 电缆的保护管或保护罩

5.3.27.1 安装的电缆保护管或保护罩应有一定的机械强度。

5.3.27.2 电缆保护管或保护罩安装在电缆进入建筑物、隧道、穿过楼板及墙壁处。

5.3.27.3 电缆保护管或保护罩安装在电缆从沟道引至电杆、设备、墙外表面处。电缆引出地上 2m 至地下 200mm 处的一段和人容易接触使电缆可能受到机械损伤的地方应穿管保护，保护管的内径不应小于电缆外径的 1.5 倍。

5.3.27.4 其他可能受到机械损伤的地方。

5.3.28 电缆的防火阻燃措施

5.3.28.1 电缆应采用符合设计规范的耐火或阻燃型电缆。

5.3.28.2 电缆在穿过竖井、墙壁、楼板或进入电气盘、柜的孔洞处，用防火堵料密实封堵。

5.3.28.3 在电缆接头两侧及相邻电缆 2～3m 长的区段，对电缆施加防火涂料或防火包、带。

5.4　380V/220V 电力设备

5.4.1 基本原则

5.4.1.1 概述

380V/220V 电力设备分为户内低压电缆分支箱、户外落地式低压电缆分支箱、户外挂墙式低压电缆分支箱、低压柱上综合配电箱。

5.4.1.2　标准化配置要求

按照"资源节约型、环境友好型"的原则，配电网建设与改造应采用成熟先进的新技术、新设备、新材料、新工艺，优先选用小型化、免（少）维护、低损耗节能环保的标准化配电网设备。

5.4.1.3　短路水平要求

主要电气设备选择按照可用寿命期内综合优化原则：选择免检修、少维护的电气设备，其性能应能满足高可靠性、技术先进、环保性、易扩展、模块化的要求。额定短路耐受电流：10kA，1s。

5.4.1.4　绝缘配合及过电压保护

5.4.1.4.1　电气设备的绝缘配合，参照 DL/T 620—1997 确定的原则进行。

5.4.1.4.2　防雷设计应满足 GB 50057—2010 的要求。

5.4.1.4.3　采用交流无间隙金属氧化物避雷器进行过电压保护。

5.4.1.4.4　交流电气装置的接地采用水平和垂直接地的混合接地网。接地体的截面和材料选择应考虑热稳定和腐蚀的要求。接地电阻、跨步电压和接触电压应满足有关规程要求。具体工程中如接地电阻不能满足要求，则需要采取降阻措施。

5.4.1.4.5　配电网的过电压保护和接地设计原则

应符合 GB 50065《交流电气装置的接地设计规范》、DL/T 620 要求。

5.4.2　典型设计方案

5.4.2.1　概述

a）　适用范围为交流额定电压 380V/220V 电缆分支箱、低压柱上综合配电箱两类，其中，低压电缆分支箱分为户内型、户外落地型及户外挂墙型 3 种类型。

b）　设计范围为电缆分支箱的电气设备、平面布置及建筑物基础结构，与电缆分支箱相关的防火、通风、防洪、防潮、防尘、防毒、防小动物等设施。

5.4.2.1.1　电气接线

a）电气主接线。380V 部分：采用单母线接线。

b）进出线回路数。户内低压电缆分支箱为一进两出，户外落地式及挂墙式低压电缆分支箱为一进三出或一进四出。低压柱上综合配电箱为一出线、两出线或三出线。

c）主要设备选择。

1）低压电缆分支箱进线开关选用塑壳断路器或熔断器式隔离开关，出线开关选用熔断器式隔离开关；

2）低压柱上综合配电箱出线开关选用断路器（或带剩余电流动作保护器）或熔断器式隔离开关；

3）母线选用全绝缘母线；

4）箱体外壳选用纤维增强型不饱和聚酯树脂材料（SMC）或不锈钢材料。

5）户内型电缆分支箱防护等级为 IP33，户外型电缆分支箱、低压柱上综合配电箱防护等级为 IP43。

d）安装要求。当采用非金属材料时，薄弱位置应增加加强筋，箱壳应有足够的机械强度，在起吊、运输、安装中不得变形或损伤。

当采用金属材料时，不锈钢型号为 304，钢板厚度不小于 2mm，箱体应有足够的机械强度，在起吊、运输和安装中不得变形或损伤。表面采取防腐喷涂处理。

5.4.2.1.2　低压电缆分支箱

低压电缆分支箱设计分为 5 种方案，详见表 5-36。

表 5-36　　　　　　　　　　　　低压电缆分支箱设计方案

项目名称 方案分类	F-1	F-2A	F-2B	F-3A	F-3B
进出线回路数	一进二出	一进三出	一进四出	一进三出	一进四出
额定电流	额定电流 400A	进线 400A，出线 250A（配 250A 熔断器）	进线 400A，出线 250A（配 250A 熔断器）	进线 250A 或 400A，出线 160A（配 125A 熔断器）	进线 250A 或 400A，出线 160A（配 125A 熔断器）
进线开关	塑壳断路器或熔断器式隔离开关	塑壳断路器或隔离开关	塑壳断路器或隔离开关	塑壳断路器或隔离开关	塑壳断路器或隔离开关
出线开关	熔断器式隔离开关	熔断器式隔离开关	熔断器式隔离开关	熔断器式隔离开关	熔断器式隔离开关

注　F-1 表示户内低压电缆分支箱；

　　F-2 表示户外落地式低压电缆分支箱；

　　F-3 表示户外挂墙式低压电缆分支箱。

5.4.2.1.3　低压柱上综合配电箱

低压柱上综合配电箱母线采用绝缘母线，出线 1～3 回，配置塑壳断路器或熔断器式隔离开关，出线开关额定电流根据配电变压器容量确定，电容器容量视情况按照变压器容量 10%～30%进行配置，可分组自动投切。

低压柱上综合配电箱设计共分为 4 种方案，详见表 5-37。

表 5-37　　　　　　　　　　　　低压柱上综合配电箱设计方案

编号	出线回路数	出　线　配　置	安　装　方　式
1	2-3	断路器带剩余电流保护器	吊装（金属）
2	2-3	断路器	吊装（非金属）
3	1	熔断器式隔离开关	侧面安装
4	2-3	断路器带剩余电流保护器	托装

出线开关额定电流根据配电变压器容量和出线回路数配置，详见表 5-38。

表 5-38　　　　　　　　　　　　配电变压器容量和出线回路数配置

变压器容量	P1（一出）	P2（两出）	P3（三出）
400kVA	630A	630A×2	400A×3
315kVA	630A	400A×2	400A×3
200kVA	400A	400A×2	400A×3

续表

变压器容量	P1（一出）	P2（两出）	P3（三出）
100kVA	200A	200A×2	200A×3
50kVA	100A	100A×2	—

5.4.2.1.4　高海拔地区

当海拔位于 1000m<H≤3000m 时，采用高原型设备，仅对设备空气间隙及外绝缘水平进行修正，典型设计接线方案和设备平面布置尺寸与海拔不大于 1000m 时均相同。当海拔位于 3000m<H≤4000m 时，参照以下设备选型原则。所有设备采用高原型设备，满足海拔不小于 4000m 使用条件，设备间隙及外绝缘水平按海拔修正。

5.4.3　低压盘、柜及低压电器的安装

5.4.3.1　低压柜不宜靠墙安装，前后两面应留有维护通道。

5.4.3.2　盘、柜内的所有元器件应完好，安装位置正确，固定牢固，螺栓应拧紧。

5.4.3.3　所有的二次接线应准确，连接可靠，标志齐全、清晰。

5.4.3.4　柜内的一次电气设备的操作及联动试验正确，各项技术指标符合技术要求。

5.4.3.5　电器的型号、规格符合设计要求。

5.4.3.6　电器的接零、接地可靠，电器的连接线排列整齐、美观。低压电器的安装高度，应符合设计规定。当设计无规定时应符合下列要求：

a）落地安装的低压电器，其底部宜高出地面 50～100mm。

b）操作手柄转轴中心与地面的距离宜为 1200～1500mm。侧面操作的手柄与建筑物或设备的距离不宜小于 200mm。

5.4.3.7　绝缘电阻值符合要求。

5.4.3.8　活动部件动作灵活、可靠，联锁传动装置动作正确。标志齐全完好、字迹清晰。

5.4.3.9　设备铭牌、型号、规格，应与被控制线路或设计相符。

5.4.3.10　外壳、漆层、手柄应无损伤或变形。

5.4.3.11　内部仪表、灭弧罩、瓷件、胶木电器应无裂纹或伤痕。

5.4.3.12　具有主触头的低压电器，触头的接触应紧密，采用 0.05mm×10mm 的塞尺检查，接触两侧的压力应均匀。

5.4.3.13　附件应齐全、完好。

5.4.4　低压柜的安装

5.4.4.1　低压柜

适用于 380V 低压开关柜的安装，包括电源进线柜、低压馈线柜、低压母联柜、电容柜等。

5.4.4.2　工艺流程

施工准备→低压开关柜安装→低压开关柜电气元件检查调试→试运验收。

5.4.4.3　操作工艺

a）稳装前应对低压开关柜的基础进行检查复测，检查项目包括：

1）核对基础埋件及预留孔洞应符合设计要求。

2）低压开关柜的基础槽钢应符合：基础槽钢的不直度应不大于 1mm/m，全长不大于 5mm；基础槽钢的水平度应不大于 1mm/m，全长不大于 5mm；基础槽钢的位置误差及水平度全长应不大于 5mm。

3）每段基础槽钢的两端必须有明显的接地。

b）基础型钢安装、测试、调整。

1）确认型钢已经调直、除锈，刷防锈底漆，并已干燥。

2）在现场进行组装时，首先应将型钢点焊在基础预埋铁上，用水准仪找平、校正。焊点处需用垫片的地方，垫片最多不超过 3 片。正式施焊时，应从中间开始，向两侧对角展开。在施焊过程中应经常检查，发现误差及时纠正。焊后清理、打磨、补刷防锈漆。

3）基础型钢与接地母线连接，将接地扁钢引入并与基础型钢两端焊牢，焊缝长度为接地扁钢宽度的 2 倍，三面施焊。

c）低压开关柜安装前的检查：

1）低压开关柜外观完好，漆面完整，无划痕、脱落。

2）框架无变形，装于盘、柜上的电器元件无损坏。

3）低压开关柜的电器元件型号符合设计图纸的要求。

4）低压开关柜按照装箱单核对备品、备件齐全。

d）低压开关柜的安装：

1）依据电器安装图，核对主进线柜与进线套管位置相对应，并将进线柜定位，柜体找正应符合：垂直误差小于 1.5mm/m，最大误差小于 3mm；侧面垂直误差小于 2mm。

2）进线柜定位后，将柜体与基础固定牢固。

3）相对排列的柜以跨越母线柜为准，进行对面柜体的就位，保证两柜相对应，其左右偏差小于 2mm。

4）其他柜依次按顺序稳装并用螺栓连接紧固,其质量要求应符合:垂直度小于 1.5mm/m；水平偏差：相邻两盘顶部小于 2mm，成列盘顶部小于 5mm；盘间不平偏差：相邻两盘边小于 1mm，成列盘面小于 5mm；盘间接缝小于 2mm。

5）整体安装后各尺寸符合规范规程要求，将柜体与基础槽钢固定牢固。

6）柜内接地母线与接地网可靠连接，接地材料规格不小于设计规定，每段柜接地引下线不少于两点。

7）电缆封堵必须使用防火软堵料。软堵料的厚度应在 10～20mm 之间。

5.4.5　低压柜的验收

5.4.5.1　主控项目。

a）柜、屏的金属框架及基础型钢必须接地（PE）或接零（PET）可靠；装有电器可开启屏门和框架的接地端子间应用软铜线连接，软铜线截面积不应小于 2.5mm^2，还应满足机械强度的要求，并做好标识。

检验方法：观察检查接地线。

b）高压成套配电柜、控制柜（屏）应有可靠的电击保护。柜（屏）内保护导体应有裸露的连接外部保护导体的端子，当设计无要求时，柜（屏）内保护导体最小截面积 S_p 不应小于表 5-39 的规定。

表 5-39	保护导体最小截面积	mm²

相线的截面面积 S	相应保护导体的最小截面积 S_p
$S \leqslant 16$	S
$16 < S \leqslant 35$	16
$35 < S \leqslant 400$	$S/2$
$400 < S \leqslant 800$	200
$S > 800$	$S/4$

检验方法：做电击试验和实测。

c）手车、抽出式成套配电柜推拉应灵活，无卡阻碰撞现象。动触头与静触头的中心线应一致，且触头接触紧密。投入时，接地触头先于主触头接触；退出时，接地触头后于主触头脱开。

检验方法：观察检查。

d）高压成套配电柜必须按现行国家标准 GB 50150 的规定交接试验合格且应符合下列规定：

1）继电保护元器件、逻辑元件、变送器和控制用计算机等单独校验合格，整组试验动作正确，整定参数符合设计要求。

2）凡经法定程序批准，进入市场投入使用的新型高压电气设备和继电保护装置，按产品技术文件要求交接试验。

检验方法：检查试验调整记录。

3）直流屏交接试验，交流工频耐压必须大于 1kV。当绝缘电阻值大于 10MΩ时，用 2500V 绝缘电阻表摇测 1min 后，无闪络击穿现象。

直流屏试验，应将屏内电子器件从线路上退出，检测主回路电阻值应大于 0.5MΩ。蓄电池组充放电、整流器的控制调整及输出特性试验应符合产品技术文件要求。

检验方法：检查试验调整记录。

4）柜、屏间线路的线间和线对地间绝缘电阻值，馈电线路必须大于 0.5MΩ；二次回路必须大于 1MΩ。

检验方法：实测和检查接地记录。

5.4.5.2 一般项目。

a）柜、屏相之间与基础型钢应用镀锌螺栓连接，且防松动零件齐全。

检验方法：观察检查。

b）柜、屏内检查试验应符合下列规定：

1）控制开关及保护装置的规格、型号符合设计要求。

2）闭锁装置动作准确可靠。

3）主开关的辅助开关切换动作与主开关动作一致。

4）柜、屏上的标识器件应标明被控设备编号、名称或操作位置。接线端子有编号，且清晰工整，不易褪色。

5）48V 及以下回路可不做交流工频耐压试验，回路中的电子元件不需做交流工频耐压试验。

检验方法：检查试验调整记录。

c）低压电器应符合下列规定：

1）发热元件安装在散热良好的位置。

2）熔断器的熔体规格、自动开关的整定值符合设计要求。

3）切换连接片接触良好，相邻连接片间有安全距离。切换时不能触及相邻连接片。

4）信号回路的信号灯、按钮、光字牌、电铃、电笛、事故电钟等动作和信号显示准确。

5）端子排安装牢固，端子有序号。强电、弱电端子隔离布置，端子规格与芯线截面大小适配。

检验方法：观察检查。

d）柜、屏间配线：

1）电流回路应采用额定电压不低于 750V、芯线截面积不小于 $2.5mm^2$ 的铜芯绝缘电线或电缆，除电子元件回路，其他回路应采用额定电压不低于 750V、芯线截面积不小于 $1.5mm^2$ 的铜芯绝缘电线或电缆。

2）二次回路连线应成束绑扎，不同电压等级、交流、直流线路及计算机控制线路应分别绑扎，且有标识。固定后不应妨碍手车开关或抽出式部件的拉出或推入。

检验方法：观察检查。

e）连接柜、屏面板上的电器及控制台、板等可动部位电线应符合下列规定：

1）采用多股铜芯软电线，敷设长度留有适当裕量。

2）线束有外套塑料管等加强绝缘保护层。

3）与电器连接时，端部绞紧，且有不开口的终端端子或搪锡，不松散、不断股。

4）可转动部位的两端用卡子固定。

5.4.6 低压母线、封闭母线的安装

5.4.6.1 封闭式母线宜用于干燥和无腐蚀气体的室内场所。

5.4.6.2 封闭式母线至地面的距离不宜小于 2.2m，母线终端无引出线和引入线时端头应封闭。

5.4.6.3 母线支座必须安装牢固，母线应按分段图、相序、编号、方向和标志正确放置，每相外壳的纵向间隙应分配均匀。

5.4.6.4 水平悬挂式母线槽的吊钩应有调整螺栓，固定点间距离不得大于 3m。垂直布置的封闭母线、预分支电缆应根据厂家提供的技术参数及设计图纸要求进行固定。

5.4.6.5 母线与外壳间应同心，其误差不得超过 5mm。段与段连接时，两相邻段母线及外壳应对准，连接后不应使母线及外壳受到机械应力。

5.4.6.6 胶伸缩套的连接头、穿墙处的连接法兰、外壳与底座之间、外壳各连接部位的螺栓应采用力矩扳手紧固，各接合面应密封良好。

5.4.6.7 外壳的相间短路板应位置正确，连接良好，相间支撑板应安装牢固，分段绝缘的外壳应作好绝缘措施。

5.4.6.8　母线与母线、母线与分支线、母线与电器接线端子搭接时，其搭接面的处理应符合下列规定：

a）铜与铜：室外、高温且潮湿或对母线有腐蚀性气体的室内，必须搪锡，在干燥的室内可直接连接。

b）铝与铝：直接连接。

c）铜与铝：铜导体应搪锡或应采用铜铝过渡板，铜端应搪锡。

d）封闭母线螺栓固定搭接面应镀银。

5.4.6.9　母线金属构件的连接、焊接等应牢固、可靠。

5.4.6.10　螺栓、垫圈、销子、锁紧销、弹簧垫圈、锁紧螺母等应齐全、可靠。

5.4.6.11　母线配制及安装应符合设计规定，且连接正确。螺栓紧固，接触可靠。相间距离及对地电气距离符合要求。

5.4.6.12　瓷件应完整、清洁，铁件和瓷件胶合处均应完整无损。

5.4.6.13　每个柜内间隔的母线相色漆应完好，相色清晰，相色正确，便于观察。

5.4.7　低压电缆在竖井内的布线要求

5.4.7.1　竖井的位置和数量应根据用电负荷性质、供电半径、建筑物的沉降缝设置和防火分区等因素确定。竖井位置应符合下列要求：

a）靠近用电负荷中心，应尽可能减少干线电缆的长度。

b）不应和电梯、上下水管道间共用同一竖井。

c）不应临近烟囱、热力管道、天然气管道及其他散热量大或潮湿的设施。

5.4.7.2　竖井在每层楼应设维护检修门，检修门内应加设 300mm 高的防水台，检修门对着公共走廊并应门向外开，其耐火等级不应低于三级，同时楼层间应采用防火密封隔离。维护检修门应设置专用挂锁。

5.4.7.3　竖井内的高压、低压和应急电源的电气线路相互之间的距离应不小于 300mm 或采取隔离措施，电缆母线固定间距应符合设计要求，并且高压线路应设明显标志。

5.4.7.4　电缆管路垂直敷设时，为保证管内导线不因自重而折断，应按规定装设导线固定盒，在盒内用线夹将导线固定。

5.4.8　低压断路器的安装

5.4.8.1　低压断路器的安装应符合产品技术文件的规定，当无明确规定时宜垂直安装，其倾斜度不应大于 5°。

5.4.8.2　低压断路器与熔断器配合使用时，熔断器应安装在电源侧。

5.4.8.3　操动机构的操作手柄或传动杠杆的开、合位置应正确。

5.4.8.4　电动操动机构接线应正确。在合闸过程中，开关不应跳跃。开关合闸后，限制电动机或电磁铁通电时间的联锁装置应及时动作。开关辅助触点动作应正确可靠，接触应良好。

5.4.8.5　抽屉式断路器的工作、试验、隔离三个位置的定位应明显，并应符合产品技术文件的规定。

5.4.8.6　抽屉式断路器空载时进行抽、拉数次应无卡阻，机械联锁应可靠。

5.4.9 低压隔离开关的安装

5.4.9.1 低压隔离开关应垂直安装。

5.4.9.2 当在不切断电流、有灭弧装置或用于小电流电路等情况下可水平安装。水平安装时，分闸后可动触头不得自行脱落，其灭弧装置应固定可靠。

5.4.9.3 低压隔离开关与开关的可动触头和固定触头的接触应良好，大电流的触头或刀片宜涂电力复合脂。

5.4.9.4 双投隔离开关在分闸位置时刀片应可靠固定，不得自行合闸。

5.4.9.5 安装杠杆操动机构时应调节杠杆长度，使操作到位且灵活，开关辅助触点指示应正确。

5.4.9.6 开关的动触头与两侧压板距离应调整均匀，合闸后接触面应压紧，刀片与静触头中心线应在同一平面，且刀片不应摆动。

5.4.10 熔断器的安装

5.4.10.1 熔断器及熔体的容量应符合设计要求，并核对所保护电气设备的容量与熔体容量相匹配。对后备保护、限流、自复、半导体器件保护等有专用功能的熔断器，严禁替代。

5.4.10.2 熔断器安装位置及相互间的距离应便于更换熔体。

5.4.10.3 有熔断指示器的熔断器，其指示器应装在便于观察的一侧。

5.4.10.4 瓷质熔断器在金属底板上安装时，其底座应垫软绝缘衬垫。

5.4.10.5 安装具有几种规格的熔断器应在底座旁标明规格。

5.4.10.6 有触及带电部分危险的熔断器应配齐绝缘抓手。

5.4.10.7 带有接线标志的熔断器，电源线应按标志进行接线。

5.4.10.8 螺旋式熔断器的底座安装严禁松动，电源应接在熔芯引出的端子上。

5.4.11 低压配电箱的安装

5.4.11.1 配电箱的进线口和出线口宜设在箱的下面或侧面，电源的引进线应穿管并设防水弯头。

5.4.11.2 配电箱内的导线应绝缘良好、排列整齐、固定牢固，导线端头应采用螺栓连接或压接。

5.4.11.3 具有3个回路以上的配电箱应设总开关及分路开关，照明、动力合一的配电箱应分别装设开关。

5.4.11.4 配电箱内安装的接触器、隔离开关、断路器等电气设备应动作灵活，接触良好可靠。

5.4.12 电抗器的安装

5.4.12.1 支柱应完整、无裂纹，线圈应无变形。

5.4.12.2 线圈外部的绝缘漆应完好。

5.4.12.3 支柱绝缘子的接地应良好。

5.4.12.4 混凝土支柱的螺栓应拧紧。

5.4.12.5　混凝土电抗器的风道应清洁、无杂物。

5.4.12.6　各部分油漆应完整。

5.5　分布式电源接入、电动车接入部分

参照国家电网企管〔2014〕365 号《国家电网公司关于印发〈分布式电源接入配电网设计规范〉等 4 项标准的通知》文中相关规定执行。

5.5.1　分布式电源接入配电网基本原则

a）接入配电网的分布式电源按照类型主要包括变流器型分布式电源、感应电机型分布式电源及同步电机型分布式电源。

b）分布式电源接入配电网，其电能质量、有功功率及其变化率、无功功率及电压、在电网电压/频率发生异常时的响应，均应满足现行国家、行业标准的有关规定。

c）分布式电源接入配电网设计应遵循资源节约、环境友好、新技术、新材料、新工艺的原则。

5.5.2　电动车接入配电网基本原则

a）电压等级。充换电设施所选择的标称电压应符合国家标准 GB/T 156 的要求。

b）用户等级。具有重大政治、经济、安全意义的充换电站，或中断供电将对公共交通造成较大影响或影响重要单位的正常工作的充换电站，可作为二级重要用户，其他可作为普通用户。

c）接入点。220V 充电设备，宜接入低压配电箱；380V 充电设备，宜接入低压线路或配电变压器的低压母线。

d）供电电源。

1）充换电设施供电电源点应具备足够的供电能力，提供合格的电能质量，并确保电网和充换电设施的安全运行。

2）供电电源点应根据城市地形、地貌和道路规划选择，路径应短捷顺直，避免近电远供、交叉迂回。

3）属于二级重要用户的充换电设施宜采用双回路供电。

4）属于一般用户的充换电设施可采用单回线路供电。

第6章 配电继电保护施工及验收标准

6.1 总 则

6.1.1 配电工程的继电保护及二次回路的施工及验收，应按本书的要求执行，还应符合国家及行业现行的有关标准规范的规定。

6.1.2 验收单位应在本书的基础上制定针对性的验收细则，合理安排验收时间。

6.1.3 在配电工程项目分期实施时，首期配电工程必须对整个配电工程中的公共部分一并验收。

6.1.4 试验仪器、仪表应齐备且经过检验合格，准确级不应低于0.5级。

6.2 验 收 管 理 要 求

6.2.1 施工单位的职责

应按配电工程设计文件、相关施工及验收规范的要求，完成配电工程的建筑、安装工作。

在验收期间，做好设备操作监护、试验配合和现场安全、消防、治安保卫、消除缺陷和文明环境等工作。

提供配电工程设备安装调试等有关文件、资料和质量检查报告、试验报告，提供所需的备品备件和专用工器具等，配备参加竣工验收工作的人员。

6.2.2 调试单位的职责

应按合同组织人员并配备可靠测试手段，完成调试工作。

提交试验报告。

6.2.3 生产运行和维护单位的职责

接收配电工程移交所配备的各种安全工器具、备品备件、专用工器具、配电工程资料。

6.2.4 设计单位的职责

在调试期间对出现的问题从设计角度提出解决办法，并配合施工单位提供完整的符合实际的竣工图纸。

6.2.5　电网调度部门的职责

根据配电工程法人提供的相关资料和系统情况，经过计算及时提供各种继电保护装置的整定值以及各设备的调度编号和名称。

核查配电工程配网自动化、保护、电能测量、安全自动装置的情况。

6.2.6　设备制造单位的职责

应按合同要求在施工及验收期间做好现场技术服务。

6.3　配电工程问题处理

对每次验收检查中发现的问题，应在每次验收中加以消除，消缺之后应重新报验检查；配电工程验收检查人员应对配电工程质量是否具备条件作出结论。

6.4　图纸资料、试验报告及备品备件验收

6.4.1　保护设备制造厂提供的产品合格证、出厂检验报告、调试大纲、安装图纸、装置技术说明书及使用说明书、产品铭牌参数及合格证书应完整、齐全，数量应与装箱记录清单一致并符合合同要求。

6.4.2　配电工程验收前，施工单位应向验收单位提供全套的施工图纸和设计变更说明文件。

6.4.3　在配电工程提交验收时，施工单位应提供或转交由生产厂家提供的以下资料：

a）有关一次设备（变压器、电流互感器、电压互感器等）的实测参数报告和试验记录报告。

b）本次配电工程全部断路器的操动机构图纸、说明书及与保护专业有关项目（断路器分合闸时间、辅助触点的切换时间、跳合闸线圈的电阻值等）的调试检验报告。

c）本次配电工程的电缆敷设记录和屏柜安装记录。

d）继电保护及二次回路的调试记录。

6.4.4　备品备件和专用工具齐全，数量应与装箱清单记录一致并符合合同要求。

6.4.5　继电保护试验报告应在配电工程现场验收合格后提交。调试报告的数据应真实、可靠。

6.4.6　施工单位或设计单位应在配电工程验收合格后向各单位提供足够数量的配电工程竣工图纸。竣工设计图纸应正确，与现场实际保持一致，并由设计和验收单位共同核实后签名确认。

6.5　安装规范与工艺验收

6.5.1　环境要求

6.5.1.1　保护柜应安装在室内或能避雨、雪、风、沙的干燥场所。对有特殊保管要求的

装置性设备和电气元件，应按相关规定保管。

6.5.1.2 环境温度、湿度、照明符合相关规定，并满足设备运行要求。积尘较严重的场所，还应采取防尘措施。

6.5.1.3 安装调试完毕后，建筑物、屏柜、箱体中的预留孔洞及电缆管口，均应封堵完好。

6.5.2 屏柜、箱体

6.5.2.1 屏柜、箱体安装应整齐，底座安装应牢固，接地应良好，屏柜等宜采用螺栓与基础型钢固定。屏柜安装在震动场所的，应按设计要求采取防震措施。屏柜、箱体及其内部设备与各构件间连接应牢固。设备安装用的紧固件，应用镀锌制品，并宜采用标准件。

6.5.2.2 保护柜应开门、关门灵活，上锁方便。前后门及边门应用截面积不小于 $4mm^2$ 的多股铜线与屏体可靠连接。

6.5.2.3 保护柜上各连接片、把手、按钮安装端正、牢固。

6.5.2.4 穿过保护柜的连接片导电杆必须有绝缘套，并距屏孔有明显距离；连接片在拧紧后不应接地。

6.5.2.5 连接片紧固螺栓和紧线螺栓应紧固。

6.5.2.6 连接片应接触良好，相邻连接片间应有足够安全距离，切换时不应碰及相邻的连接片。

6.5.2.7 对于一端带电的切换连接片，应使在连接片断开情况下，活动端不带电。

6.5.2.8 接线盒应封闭良好，有防水、防潮、防尘、防小动物进入和防止风吹开盖的措施。

6.5.2.9 屏柜上的电器元件应符合下列要求：

a）高压柜各电器元件，质量良好，型号、规格应符合设计要求。

b）高压柜各电器元件，应外观完整，排列整齐，固定牢固，密封良好，不得与柜体接触。

6.5.2.10 各电器应能单独拆装更换而不应影响其他电器及导线束的固定。

6.5.2.11 发热元件宜安装在散热良好的地方，应远离柜内其他电器元件，两个发热元件之间的连线应采用耐热导线或裸铜线套瓷管。

6.5.2.12 熔断器的熔体规格、自动开关的整定值应符合设计要求。

6.5.2.13 装置或其他有接地要求的电器，其外壳应可靠接地。

6.5.3 二次电缆

6.5.3.1 二次电缆应按已审核图纸敷设施工，接线正确。

6.5.3.2 用于继电保护和控制回路的二次电缆，应采用屏蔽铜芯电缆。

6.5.3.3 二次电缆敷设，保护用电缆敷设路径应合理规划，保护用电缆与电力电缆不应同路径，以单独路径为宜；有电缆沟从柜下敷设，或选择柜顶上方桥架，不宜在高压柜柜体相邻处穿接二次电缆。

6.5.3.4 二次电缆敷设，电缆及导线芯应横平竖直，接线清晰，不得交叉，固定牢固，不受外力。

6.5.3.5 二次电缆导线备用芯应有足够裕度并扎结整齐。

6.5.3.6 二次电缆两端屏蔽层均应经 $4mm^2$ 黄绿接地线，设专用螺栓可靠接地，电缆两端均做电缆头。

6.5.3.7　强、弱电电缆应分开扎结成束。

6.5.3.8　二次电缆不得在设备外直接裸露敷设。

6.5.3.9　二次电缆接线不得无防护受日光直射，不得靠近高发热物体，不得靠近长期潮湿位置，不得靠近腐蚀性物质。

6.5.3.10　交、直流回路不能合用同一根电缆，强电和弱电回路不应合用同一根电缆。在同一根电缆中不宜有不同安装单位的电缆芯。

6.5.3.11　同一回路应在同一根电缆内走线，避免同一回路通过两根电缆构成环路，每组电流（电压）线与其中性线应置于同一电缆内。

6.5.3.12　控制电缆应选用多芯电缆，尽量减少电缆根数。芯线截面积不大于 $4mm^2$ 的电缆应留有备用芯。

6.5.3.13　所有电缆及芯线不得对接使用，应无机械损伤，绝缘层应完好无破损。

6.5.3.14　电缆在敷设路径内应留有一定的裕度，排列整齐，编号清晰，没有交叉。

6.5.3.15　电缆应固定良好。主变压器本体电缆应用变压器上的线夹固定好。

6.5.3.16　控制电缆固定后应在同一水平位置剥齐，不同电缆的芯线应分别捆扎。

6.5.3.17　室外电缆的电缆头，如瓦斯、互感器等应将电缆头封装置于箱体或接线盒内，以利于防雨、防油和防冻。

6.5.4　芯线标准、接线规范、端子排

6.5.4.1　二次回路连接导线的截面积应完全符合电气的、机械的和气候的要求。

6.5.4.2　对于强电回路，控制电缆或绝缘导线的芯线截面积不应小于 $1.5mm^2$，屏柜内导线的芯线截面积不应小于 $1mm^2$；对于弱电回路，电子元件采用焊锡技术连接时，在满足载流量、电压降及机械强度的情况下，其芯线截面积不小于 $0.5mm^2$。

6.5.4.3　电流回路的电缆芯线，其截面积应不小于 $2.5mm^2$，并满足电流互感器对负载的要求。

6.5.4.4　交流电压回路，当接入全部负荷时，电压互感器到继电保护和安全自动装置的电缆压降不应超过额定电压的 3%。应按配电工程最大规模考虑电压互感器的负荷增至最大的情况。

6.5.4.5　操作回路的电缆芯线，应满足正常最大负荷情况下，电源引出端至各被操作设备端的电压降不超过电源电压的 10%。

6.5.4.6　交流电压回路宜采用从 TV 柜敷设辐射柜顶小母线方式，铜棒直径不应小于 6mm。

6.5.4.7　屏柜、箱体内导线的布置与接线：

a）连接导线的中间不允许有接头。

b）导线芯线应绝缘良好、无损伤，配线应整齐、清晰。

c）应安装用于固定线束的支架或线夹，捆扎线束不应损伤导线的外绝缘。

d）导线束不宜直接紧贴金属结构件敷设。穿越金属构件时，应有保护导线绝缘不受损伤的措施。

e）可动部位的导线，必须采用多股软导线，并留有一定长度裕量，线束应有外套塑料

管等加强绝缘层。

f）避免导线产生任何机械损伤，同时还应有固定线束的措施。

g）使用多股导线时应采用专用压接帽冷压接端头；冷压连接应牢靠、接触良好，不得松散、断股。

6.5.4.8 电流回路二次接线，TA 侧硬导线应做成圆环形状接线，多股软导线应压接专用电流回路接线鼻，不宜使用小接线插头或接线帽，禁止多股导线绕接。

6.5.4.9 导线接入接线端子，应牢固可靠。

6.5.4.10 每个端子接入的导线应在两侧均匀分布，一个连接点上接入导线宜为一根，不应超过两根。

6.5.4.11 对于插接式端子，不同截面的两根导线不应接在同一端子上；对于螺栓连接端子，当接两根导线时，中间应加平垫片。

6.5.4.12 电流回路端子的一个连接点不应压两根导线，也不应将两根导线压在一个压接头再接至一个端子。

6.5.4.13 强、弱电回路应分别成束，分开排列，大电流的电源线不应与信号线捆扎在一起。

6.5.4.14 在油污环境，应采用耐油的绝缘导线。在日光直射环境，绝缘导线应采取防护措施。

6.5.4.15 二次回路的连接件应采用铜质制品或性能更优的材料；绝缘件应采用自熄性阻燃材料。

6.5.4.16 端子排、电器元件接线端子及保护装置背板端子螺栓应紧固可靠，端子无锈蚀现象。

6.5.4.17 端子排、连接片、切换部件离地面不宜低于 300mm。

6.5.4.18 端子排的安装应符合下列要求：

a）端子排应完好无损，固定可靠，绝缘良好。

b）端子应有序号，端子排应便于更换且接线方便。

c）回路电压超过 400V 时，端子板应有足够的绝缘并涂以红色标志。

d）潮湿环境宜采用防潮端子。

e）强、弱电端子应分开布置。

f）正、负电源之间以及经常带电的正电源与合闸或跳闸回路之间，应以空端子或隔片隔开。

g）接入交流电源（220V 或 380V）的端子应与其他回路端子采取有效隔离措施，并有明显标识。

h）电流回路在保护柜内应使用足量的专用电流试验端子及接连片，电压回路在保护柜内应使用试验端子，接地端子应使用黄绿色并良好可靠接地。

i）若电流回路使用的电流试验端子竖直方向安装，应对连接片断开位置作出明确标识。

j）接线端子应与导线截面匹配，应符合 GB/T 14048.7、DL/T 579 的规定。

6.5.5　标识标牌

6.5.5.1 保护装置、二次回路及相关的屏柜、箱体、接线盒、电器元件、端子排、连接片、交流/直流空气开关、熔断器等，均应设置恰当的标识，方便辨识和运行维护。标识应打印，字迹应清晰、工整，且不易脱色。

6.5.5.2　屏柜、箱体的正面和背面应标明间隔的双重名称，保护柜还应标明主要保护装置的名称。各屏柜、箱体的名称不能有重复。

6.5.5.3　屏柜小母线两侧及每面屏柜处应有标明其代号或名称的绝缘标识牌，字迹应清晰、工整，且不易褪色。

6.5.5.4　保护连接片应使用双重名称指明用途和编号。同一保护柜内的连接片名称不能有重复。保护柜内有多套保护装置时，不同保护装置连接的连接片编号应能明显区分。

6.5.5.5　电缆标签悬挂应美观一致，并与设计图纸相符。电缆标签应包括电缆编号、规格型号、长度及起止位置。

6.5.5.6　通信线应设置标签，标明其起止位置，必要时还应标明其用途。

6.5.5.7　电缆芯线端部应套有专业接线号头，标明回路编号、电缆编号和所在端子位置；内部配线应标明所在端子位置和对端端子位置，对端端子号统一加注括号。编号应正确、字迹清晰且不易褪色与设计图纸一致，并符合 DL/T 5136 的要求。

6.5.5.8　直流屏处空气开关和端子排均应清楚标明用途；芯线标识能清楚表明用途的，端子排上可不再标明。

6.5.5.9　电压互感器二次回路中性线、电流互感器二次回路中性线与交流供电电源中性线名称不应引起混淆。

6.5.5.10　保护电源和控制电源回路标识应有明显的区别。

6.5.6　屏蔽与接地

6.5.6.1　应根据配电室和一次设备安装的实际情况，敷设与主接地网紧密连接的等电位接地网。

6.5.6.2　屏柜上装置的接地端子应用截面积不小于 $4mm^2$ 的多股铜线和接地铜排相连。

6.5.6.3　保护柜和继电保护装置本体应设有专用的接地端子，装置机箱应构成良好的电磁屏蔽体，并使用截面积不小于 $4mm^2$ 的多股铜质软导线可靠连接至屏柜内的接地铜排上。

6.5.6.4　二次电缆屏蔽层应在两端接地，接地线截面积不应小于 $4mm^2$。严禁使用电缆内的备用芯替代屏蔽层接地。

6.5.6.5　互感器二次回路中性线应使用截面积不小于 $4mm^2$ 的接地线可靠连接至等电位接地网。

6.5.6.6　公用电压互感器的二次回路只允许且必须在配电室内有一点接地，接地线应易于识别。

6.5.6.7　为保证接地可靠，各电压互感器的中性线不得接有可能断开的开关或熔断器等。

6.5.6.8　公用电流互感器二次回路只允许且必须在相关保护柜内一点接地。

6.5.6.9　独立的电流互感器二次回路，如微机主变压器差动保护等电流回路，应在配电装置高压柜端子排处一点接地。

6.5.6.10　继电保护柜内的交流供电电源的中性线不应接入等电位接地网。

6.5.7 柜顶小母线验收

6.5.7.1 小母线应采用直径不小于 6mm 的紫铜材质铜棒，柜顶敷设应平整、排列整齐，压接牢固。

6.5.7.2 小母线室应清洁、整齐，无杂物。

6.5.7.3 小母线应装设进线总空气开关，容量与直流屏馈线空气开关满足选择性。

6.5.7.4 双电源配电室小母线应分段供电并装设分段空气开关，分段空气开关容量应不大于小母线进线总空气开关容量。

6.6 二次回路验收

6.6.1 一般性检查

6.6.1.1 新安装的二次回路应进行绝缘检查，其检验项目、方法、试验仪器和检验结果应符合 DL/T 995 的要求。二次回路在测试绝缘时，应有防止弱电设备损坏的安全技术措施。

6.6.1.2 应对二次回路的所有部件进行检查，各部件应保证质量。二次回路中的灯具、电阻、切换把手、按钮等部件的设计、安装和接线应考虑方便维护和更换。

6.6.1.3 应对二次回路所有接线（包括屏柜内部各部件与端子排之间的连接线）的正确性和电缆、电缆芯及屏内导线标号的正确性进行检查，并检查电缆清册的记录是否正确。

6.6.1.4 应核对自动空气开关或熔断器的额定电流是否与设计相符，并与所接的负荷相适应，且交、直流空气开关不能混用。宜使用具有切断直流负载能力的、不带热保护的自动空气开关取代直流熔断器。

6.6.1.5 直流回路应无寄生回路存在。

6.6.1.6 二次回路的工作电压不宜超过 250V，最高不应超过 500V。

6.6.1.7 电流互感器、电压互感器二次绕组应一点接地。电流互感器备用绕组在保护柜内可靠短接。电压互感器备用绕组应有防止短路的措施。

6.6.2 直流电源回路

6.6.2.1 10kV 电压等级配电室的直流系统应配置一套直流电源系统，直流屏各元器件应与已审图纸相符，柜面元器件应排列整齐、规范，作用标签应清晰、完好，电池无破损、漏液。

6.6.2.2 直流屏充电电源，双电源切换回路应正确、可靠，当充电电源消失时，直流屏应自动报警并向信号箱或后台发出告警信号。

6.6.2.3 继电保护直流系统运行中的电压纹波系数不应大于 2%，最低电压不低于额定电压的 85%，最高电压不高于额定电压的 110%。

6.6.2.4 直流空气开关（熔断器）的配置原则：

6.6.2.5 直流系统的馈出网络应采用辐射状供电方式，不应采用环状供电方式。

6.6.2.6 信号回路（信号箱）应由专用直流空气开关（熔断器）供电，不得与其他回路混用。

6.6.2.7 保护装置的电源和断路器控制电源应可靠分开，分别由专用的直流空气开关（熔断器）供电。

6.6.2.8 其他辅助保护电源、通信设备电源应由专用直流空气开关供电。

6.6.2.9 直流空气开关（熔断器）配置必须满足选择性要求（小母线进线总空气开关应与之配合）。

6.6.2.10 在其他直流空气开关（熔断器）均合上时，任一直流空气开关（熔断器）断开后，其下口正、负极对地和正、负极之间不应再有直流电压和交流电压。

6.6.2.11 直流屏屏顶及屏底应封堵严密。

6.6.2.12 当任一直流空气开关（熔断器）断开造成控制和保护直流电源失电时，应有直流断电或装置告警信号。

6.6.3 交流电流回路

6.6.3.1 电流互感器宜使用加强型保护级电流互感器，各电流互感器应安装牢固，表面无破损。

6.6.3.2 电流互感器铭牌参数应完整，出厂合格证及试验资料应齐全，试验资料应包括：
a）所有绕组的极性和变比（包括各抽头的变比）；
b）各绕组的准确级、容量和内部安装位置；
c）二次绕组的直流电阻（各抽头）；
d）各绕组的伏安特性。

6.6.3.3 多绕组电流互感器的安装和二次回路接线应满足以下要求：

6.6.3.4 电流互感器一次端子（L1/P1 侧）应放在母线侧。

6.6.3.5 继电保护的电流回路应分别取自电流互感器互相独立的绕组。保护级绕组从母线侧按保护、差动排列。电流互感器的保护级应靠近 L1（P1）侧，安装在母线侧，测量（计量）级次应靠近 L2（P2）侧。

6.6.3.6 母联（分段）回路的电流互感器，一次端子（L1/P1 侧）应靠近母联（分段）断路器。

6.6.3.7 接入变压器差动保护的二次绕组不得再接入其他负载。

6.6.3.8 电流互感器安装后，现场应进行下列检查：

6.6.3.9 测试互感器各绕组的极性、变比，核对铭牌上的极性、变比标识是否正确。电流互感器的变比、容量与准确级应与设计要求一致。

6.6.3.10 检查互感器各次绕组的接线、与装置的对应关系及其极性关系是否与设计相符合、满足装置的要求，相别标识是否正确。

6.6.3.11 确认电流二次回路没有开路，计算二次回路负担，结合厂家提供的试验资料验算互感器的工作条件是否满足 DL/T 866 规定。

6.6.4 交流电压回路

6.6.4.1 电压互感器铭牌参数应完整，出厂合格证及试验资料应齐全，试验资料应包括：
a）所有绕组的极性和变比；
b）电压互感器在各使用容量下的准确级；

c）二次绕组的直流电阻。

6.6.4.2 电压互感柜应配置分相空气开关，保护柜上交流电压回路的空气开关应与电压回路总路开关在跳闸时限上有明确配合关系。开口三角绕组，二次回路不可装设自动开关或熔断器。

6.6.4.3 电压互感器二次输出额定容量及实际负荷应在保证互感器准确等级的范围内，二次回路电缆截面应满足载流量和误差要求。

6.6.4.4 保护用电缆与计量用电缆应分开。

6.6.4.5 电压互感器安装后，现场应进行下列检查：

6.6.4.6 互感器各绕组的极性、变比、容量、准确级应符合设计要求。铭牌上的标识应清晰正确。

6.6.4.7 互感器各次绕组的接线、与装置的对应关系及其极性关系应与设计相符合、满足装置的要求，相别标识应正确。对电压互感器二次回路进行通电试验，电压二次回路接线应正确和完整。不同的母线电压之间不应有混淆。

6.6.4.8 串联在电压回路中的自动开关（熔断器）、隔离开关及切换设备触点接触应可靠，容量应满足回路要求。

6.6.4.9 检查电压互感器中性点金属氧化物避雷器安装正确性及工频放电电压，防止造成电压二次回路多点接地。

6.6.5 断路器及相关二次回路

6.6.5.1 继电保护人员应了解掌握与继电保护相关的设备技术性能和调试结果，检查从保护柜引至保护装置的二次回路接线是否正确可靠，并了解以下内容：

 a）断路器的跳合闸电气回路接线方式，包括防止断路器跳跃回路；

 b）与保护有关的辅助触点的开、闭情况，切换时间，构成方式和触点容量；

 c）断路器二次回路接线；

 d）断路器跳闸和合闸电压，跳合闸线圈电阻及在额定电压下的跳合闸电流；

 e）断路器的跳闸、合闸时间；

 f）断路器二次操作回路中的弹簧储能、SF_6 气体压力等闭锁回路和监视回路的接线方式。

6.6.5.2 应使用保护操作箱的防跳功能，断路器本体的防止断路器跳跃功能应解除。

6.6.5.3 防止断路器跳跃回路采用串联自保持时，接入跳合闸回路的自保持线圈自保持电流不应大于额定跳合闸电流的 50%，线圈压降应小于额定电压的 5%。

6.6.5.4 防止断路器跳跃回路应能自动复归。

6.6.5.5 应通过试验检验防止断路器跳跃功能的正确性。

6.6.5.6 断路器 SF_6 气体压力降低和弹簧未储能禁止合闸及禁止分闸回路接线、动作逻辑应正确。

6.6.6 其他重点回路检查

6.6.6.1 弱电开入回路不能引出配电室。

6.6.6.2 变压器本体非电量保护回路应防雨、防油渗漏、密封性好、绝缘良好。气体继电器应安装防雨罩，安装应结实牢固且必须罩住电缆穿线孔。

6.6.6.3　非电量保护从本体引至保护装置的二次回路，不应有中间转接盒，不应存在过渡或转接环节。

6.6.6.4　变压器保护等不经附加判据直接启动跳闸的开入量不应经光耦采集，应采用强电大功率中间继电器（110V 或 220V 直流启动、启动功率大于 5W），该继电器动作电压应在额定直流电源电压 55%～70%范围内，额定直流电源电压下动作时间为 10～35ms，应具有抗220V 工频干扰电压的能力。若非电量保护利用光耦输入直接接入的，则必须用大功率中间继电器进行转接。

6.6.6.5　操作箱中的出口继电器，其动作电压应在 55%～70%额定电压范围内。其他逻辑回路的继电器，应满足在 80%额定电压下可靠动作。

6.7　继电保护及相关装置验收

6.7.1　保护装置及功能配置应符合 GB/T 14285—2006、各电网企业标准等相关标准、规程的要求，并应符合配电工程项目提出的具体要求。

6.7.2　检查装置的实际构成情况，如装置的配置、数量、安装位置以及装置的型号、额定参数（直流电源额定电压、交流额定电流、电压、继电器等）应与规范和设计相符合。

6.7.3　检查装置内部的焊接头、插件接触的牢靠性等。

6.7.4　装置绝缘试验，用 500V 绝缘电阻表测量绝缘电阻值，要求阻值均大于 20MΩ。

6.7.5　装置上电后应能正常工作，并检查装置软件版本号、校验码等信息，时钟功能正常。

6.7.6　开关量输入回路检验，对所有引入端子排的开关量输入回路依次加量，接通、断开压板（或连接片）及转动把手，装置应能正确反应。

6.7.7　输出触点及输出信号检查，装置所有输出触点及输出信号的通断状态，应满足装置动作逻辑。

6.7.8　模数变换系统检验，零点漂移、各电流、电压输入的幅值和相位精度满足对装置技术条件的规定。

6.7.9　装置人机对话功能检查，装置定值输入、通过装置各类数据通信口读写数据、监控后台等功能应正常。

6.7.10　模拟各种类型故障检查装置逻辑功能，其动作行为应正确。

6.7.11　对装置各有关元件的动作值及动作时间按照定值通知单整定后进行试验，应正确。

6.7.12　模拟直流失压、交流回路断线、硬件故障等各种异常情况，装置应能正确报警。

6.7.13　装置告警记录、动作记录应正确，装置保存的告警数量应符合装置技术参数要求。

6.7.14　装置与站内统一时钟对时应正确。

6.7.15　继电保护装置的后台：

a）带后台保护装置应具备"三遥"功能，预留 UPS 为后台系统备用供电。

b）一次主接线画面与现场情况相符；

c）一、二次设备命名清晰规范，并与调度命名相一致；

d）后台与各保护装置通信和网络功能正确；

e）各种继电保护的动作信息、告警信息、保护状态信息的显示应正确。

6.8　传　动　试　验

6.8.1　断路器试验及运行位置（小车式）、检修及运行位置（固定式）均应与柜面指示设备显示相同。

6.8.2　断路器本体位置指示，应与柜面设备显示及保护装置位置识别一致，合闸为红色，分闸为绿色。

6.8.3　断路器电动，手动分、合闸，断路器储能均应无异常。

6.8.4　双电源配电室电气闭锁功能完好、可靠。

6.8.5　箱式变电站保护电源的主供回路及备用回路的切换应正确可靠。

6.8.6　新安装装置验收检验时，应进行每一套保护带模拟断路器的整组试验，之后，再模拟各种故障，将所有保护带实际断路器进行整组试验，各装置在故障过程中的动作情况和连接片对应关系应正确。

6.8.7　试验时，应从保护柜内的端子排处通入试验电流、电压。

6.8.8　整组传动时应检查各保护之间的配合、各保护装置的动作行为、断路器的动作行为、信号箱信号、配网自动化系统信号、后台等正确无误。

6.9　投　运　前　检　查

6.9.1　检查保护装置及二次回路无异常；现场运行规程与实际设备相符。

6.9.2　装置整定值与定值通知单相符，定值通知单与现场实际相符。

6.9.3　试验记录无漏试项目，试验数据、结论完整正确。

第7章　配电自动化设备施工及验收标准

7.1　验　收　原　则

7.1.1　配电自动化系统的验收应坚持科学、严谨的工作态度，参与验收测试的人员应具备相应的专业技术水平，验收测试应使用专业的测试仪器和测试工具，并做好验收测试记录。

7.1.2　配电自动化系统验收分为三个阶段，即工厂验收、现场验收、实用化验收；验收工作应按阶段顺序进行，只有在前一阶段验收合格通过后方可进行下一阶段验收工作。

7.1.3　新建配电自动化系统需在仿真模拟实验平台上进行配电自动化高级功能的仿真验证，扩建与改造的配电子站和配电终端的工厂验收和现场验收可单独进行。

7.1.4　配电自动化系统的验收应包括配电自动化主站、配电自动化终端/子站、配电通信、信息交互以及与之配套的配电网络系统和辅助设施等配电自动化各环节的整体验收。

7.1.5　简易型配电自动化系统验收参考 Q/GDW 514 的要求进行。

7.1.6　配电自动化通信系统的验收应遵循通信专业相应的技术标准、规范。

7.1.7　配电自动化系统在各阶段验收的内容及流程应严格按照本书的具体要求执行。

7.2　验　收　依　据

7.2.1　配电自动化系统的验收应遵循国家标准、行业标准和企业标准。

7.2.2　配电自动化系统的验收应满足 Q/GDW 382、Q/GDW 513、Q/GDW 514 的功能要求及技术指标。

7.2.3　配电自动化系统的安全防护必须遵循《电力二次系统安全防护规定》（国家电力监管委员会第 5 号令）和国家信息安全的相关条例和规定。

7.3　工　厂　验　收

7.3.1　工厂验收内容主要包括系统硬件检查，基础平台、系统功能和性能指标测试等内容。

7.3.2　工厂验收应具备的条件：

a）被验收方已提交工厂验收申请报告。

b）被验收方已搭建了模拟测试环境，提供专业的测试设备和测试工具，并完成相关技术资料的编写。

c）配电主站、配电终端/子站、配电通信应通过有资质的检测机构的测试，应提供检测报告。

d）新建配电自动化系统需在仿真模拟实验平台上进行配电自动化功能的仿真验证。

e）被验收方已编写工厂验收大纲，并经工厂验收工作组审核确认后，形成正式文本。

7.3.3 工厂验收流程：

7.3.3.1 工厂验收条件具备后，按验收大纲进行工厂验收，验收流程参考附录 D。

7.3.3.2 严格按审核确认后的验收大纲所列测试内容进行逐项测试，逐项记录格式参考附录 E。

7.3.3.3 测试中发现的缺陷和偏差，允许被验收方进行修改完善，但修改后必须对所有相关项目重新进行测试；偏差、缺陷索引表及偏差、缺陷记录报告格式参考附录 F。

7.3.3.4 若测试结果证明某一设备、软件功能或性能不合格，被验收方必须更换不合格的设备或修改不合格的软件，对于第三方提供的设备或软件，同样适用。设备更换或软件修改完成后，与该设备及软件关联的功能及性能测试项目必须重新测试。

7.3.3.5 测试完成后形成验收报告，工厂验收通过后方可出厂。

7.3.3.6 简易型配电自动化系统的工厂验收过程参考 Q/GDW 514 进行。

7.3.4 工厂验收评价标准：

7.3.4.1 被验收方所提供的系统说明书及各功能使用手册等技术文档必须完整，并符合实际工程项目要求。

7.3.4.2 所有软、硬件设备型号、数量、配置均符合项目合同、设计联络会纪要、技术规范书要求。

7.3.4.3 配电终端的工厂验收为验收方以随机抽取方式对每一型号、批次设备进行验收测试（配电终端的制造厂商出厂测试为每台设备，并为每台设备提供合格证），配电子站的工厂验收为验收方以全检方式对被验收方进行验收。

7.3.4.4 工厂验收结果无缺陷项目，偏差项目数不得超过被验收项目总数的 5%。

7.3.4.5 扩建与改造的配电终端/子站的工厂验收可单独进行。

7.3.5 工厂验收质量文件：

7.3.5.1 配电主站、配电终端/子站及通信系统的工厂验收质量文件分别编制，统一归档。

7.3.5.2 工厂验收结束后，由验收工作组和被验收方共同签署工厂验收报告；被验收方和验收方汇编工厂验收质量文件。

7.3.5.3 工厂验收质量文件应包含以下内容：

a）工厂验收申请文件；

b）工厂验收测试大纲；

c）工厂预验收测试报告；

d）工厂验收申请报告。

7.3.5.4 工厂验收技术文件：

a）系统硬件清单；

b）出厂合格证书；

c）设备型式试验报告；

d）主站系统的第三方测试报告；

e）项目招标技术文件；

f）项目投标技术应答书；

g）合同技术协议书；

h）技术联络会纪要及备忘录；

i）设计变更说明文件。

7.3.5.5　工厂验收报告，包括且不限于以下内容：

a）工厂验收测试记录；

b）工厂验收偏差、缺陷汇总；

c）工厂验收测试统计及分析；

d）工厂验收结论。

7.3.6　现场验收：

7.3.6.1　现场验收内容主要包括系统各部件的外观、安装工艺检查，基础平台、系统功能和性能指标测试，以及二次回路校验等内容。

7.3.6.2　现场验收应具备的条件：

a）配电终端已完成现场安装、调试并已接入配电主站或配电子站；

b）配电子站已完成现场安装、调试并已接入配电主站；

c）主站硬件设备和软件系统已在现场安装、调试完成，具备接入条件的配电子站、配电终端已接入系统，系统的各项功能正常；

d）通信系统已完成现场安装、调试；

e）相关的辅助设备（电源、接地、防雷等）已安装调试完毕；

f）被验收方已提交上述环节与现场安装一致的图纸/资料和调试报告，并经验收方审核确认；

g）被验收方依照项目技术文件进行自查核实，并提交现场验收申请报告；

h）验收方和被验收方共同完成现场验收大纲编制，验收大纲的编制参考附录 C。

7.3.6.3　现场验收流程：

7.3.6.3.1　现场验收条件具备后，验收方启动现场验收程序；验收流程参考附录 D。

7.3.6.3.2　现场验收工作小组按现场验收大纲所列测试内容进行逐项测试，逐项记录格式参考附录 E。

7.3.6.3.3　在测试过程中发现的缺陷、偏差等问题，允许被验收方进行修改完善，但修改后必须对所有相关项目重新测试；偏差、缺陷索引表及偏差、缺陷记录报告格式参考附录 F。

7.3.6.3.4　现场进行 72h 连续运行测试。验收测试结果证明某一设备、软件功能或性能不合格，被验收方必须更换不合格的设备或修改不合格的软件，对于第三方提供的设备或软件，同样适用。设备更换或软件修改完成后，与该设备及软件关联的功能及性能测试项目必须重新测试，包括 72h 连续运行测试。

7.3.6.3.5　现场验收测试结束后，现场验收工作小组编制现场验收测试报告、偏差及缺陷报告、设备及文件资料核查报告，现场验收组织单位主持召开现场验收会，对测试结果和项目阶段建设成果进行评价，形成现场验收结论。

7.3.6.3.6　对缺陷项目进行核查并限期整改，整改后需重新进行验收。

7.3.6.3.7 现场验收通过后，进入验收试运行考核期。

7.3.6.4 现场验收评价标准：

7.3.6.4.1 硬件设备型号、数量、配置、性能符合项目合同要求，各设备的出厂编号与工厂验收记录一致。

7.3.6.4.2 被验收方提交的技术手册、使用手册和维护手册为根据系统实际情况修编后的最新版本，且正确有效；项目建设文档及相关资料齐全。

7.3.6.4.3 系统在现场传动测试过程中状态和数据正确。

7.3.6.4.4 硬件设备和软件系统测试运行正常；功能、性能测试及核对均应在人机界面上进行，不得使用命令行方式。

7.3.6.4.5 现场验收测试结果满足技术合同、项目技术文件要求；无缺陷；偏差项汇总数不得超过测试项目总数的2%。

7.3.6.5 现场验收质量文件：

7.3.6.5.1 配电主站、配电终端、配电子站和通信系统的现场验收质量文件分别编制，统一归档。

7.3.6.5.2 现场验收结束后，形成现场验收报告，汇编现场验收质量文件。

7.3.6.5.3 现场验收质量文件应包括以下内容：

7.3.6.5.3.1 现场验收申请文件：

a）现场验收测试大纲；

b）现场安装调试报告；

c）现场验收申请报告。

7.3.6.5.3.2 现场验收技术文件：

a）工厂验收文件资料及现场核查报告（附工厂验收清单和文件资料清单）；

b）与现场安装一致的图纸/资料；

c）系统联调报告。

7.3.6.5.3.3 现场验收报告，包括且不限于以下内容：

a）现场验收测试记录；

b）现场验收偏差、缺陷汇总；

c）现场验收测试统计及分析；

d）现场验收结论。

附录 A　10kV 架空网典型接线方式定义

A.1　三分段、三联络接线方式

在周边电源点数量充足，10kV 架空线路宜环网布置开环运行，采用柱上负荷开关将线路多分段、适度联络的接线方式，见图 A.1（典型三分段、三联络接线方式），采用此结构具有较高的线路负载水平，当达到 75% 时还具有接纳转移负荷的能力。

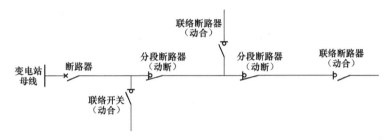

图 A.1　10kV 架空线路三分段、三联络接线方式

A.2　三分段、单联络接线方式

在周边电源点数量有限，不具备多联络条件时，可采用线路末端联络的接线方式，见图 A.2，运行在线路负载率低于 50% 的情况下。

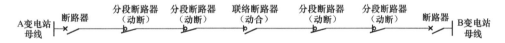

图 A.2　10kV 架空线路三分段、单联络接线方式

A.3　三分段单辐射接线方式

在周边没有其他电源点，且供电可靠性要求较低的地区，暂不具备与其他线路联络时，可采取多分段单辐射接线方式，见图 A.3。

图 A.3　10kV 架空线路三分段单辐射接线方式

附录 B 10kV 电缆网典型接线方式定义

B.1 单环网接线方式

自同一供电区域两座变电站的中压母线（或一座变电站的不同中压母线）、或两座中压开关站的中压母线（或一座中压开关站的不同中压母线）馈出单回线路构成单环网，开环运行，见图 B.1。电缆单环网适用于单电源用户较为集中的区域。

图 B.1 10kV 电缆线路单环网接线方式

B.2 双射接线方式

自一座变电站（或中压开关站）的不同中压母线引出双回线路，形成双射接线方式；或自同一供电区域的不同变电站引出双回线路，形成双射接线方式，见图 B.2。有条件、必要时，可过渡到双环网接线方式，见图 B.3。双射网适用于双电源用户较为集中的区域，接入双射线的环网室和配电室的两段母线之间可配置联络断路器，母联断路器应手动操作。

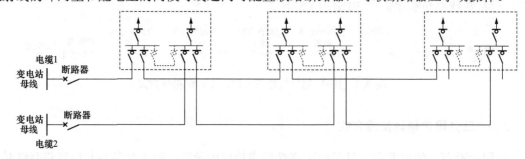

图 B.2 10kV 电缆线路双射接线方式

B.3 双环网接线方式

自同一供电区域的两座变电站（或两座中压开关站）的不同中压母线各引出二对（4 回）线路，构成双环网的接线方式，见图 B.3。双环网适用于双电源用户较为集中且供电可靠性要求较高的区域，接入双环网的环网室和配电室的两段母线之间可配置联络断路器，母联断路器应手动操作。

B.4 对射接线方式

自不同方向电源的两座变电站（或中压开关站）的中压母线馈出单回线路组成对射线接

线方式，一般由双射线改造形成，见图 B.4。对射网适用于双电源用户较为集中的区域，接入对射的环网室和配电室的两段母线之间可配置联络断路器，母联断路器应手动操作。

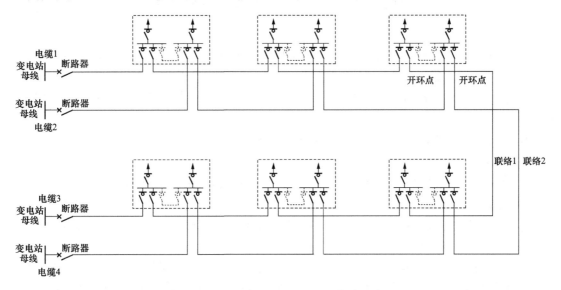

图 B.3　10kV 电缆线路双环网接线方式

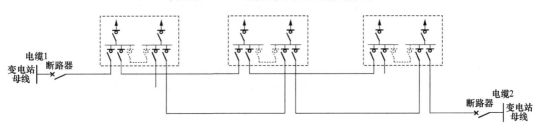

图 B.4　10kV 电缆线路对射接线方式

附录 C 验收测试大纲编制模板

配电自动化系统各阶段验收大纲分别编制。在各阶段验收测试前，验收大纲应根据项目合同技术文件编制，作为验收测试依据；各阶段验收大纲经相关单位审查修改后应形成正式文本，经验收工作组审批后实施。当正式文本的内容与本书条文发生冲突时，以本书条文为准。

配电自动化系统验收大纲参考下列格式和内容编写：

a）目录。

b）概述配电自动化系统简要说明、验收目的、验收大纲编写依据等内容。

c）测试环境和条件：

1）系统硬件构成环境，每一台设备的型号及配置、用途、出厂编号（序列号）和安装机柜及地点（工厂验收可不予说明）。

2）系统软件构成环境，各服务器及工作站的操作系统型号和版本号；系统支撑平台的各进程或程序名称、功能及版本号；应用软件构成的进程或程序名称、功能及版本号；各服务器及工作站上已安装运行支撑平台和应用软件的进程或程序名称、功能，以表格方式编制。

3）系统配置图。

4）终端接入数量、系统支持的远动通信协议和验收方实际使用的远动通信协议。

5）数据库设计容量及实际使用容量（包括各类量测信息最大记录数和实际记录数，厂站、线路、间隔、设备等配电网模型的最大记录数和当前记录数）。

6）测试工具（仪器及设备）。

d）测试内容。对于每一项缺陷和偏差需分别填写缺陷记录索引表、缺陷记录报告和偏差记录索引表、偏差记录报告。

项目	评价项目及要求	测试实际状态（值）	查证方法
1．系统指标			
安全性	安全分区、纵向认证措施及操作与控制是否符合二次系统安全防护要求		现场测试
亢余性	热备切换时间不大于 20s；冷备切换时间不大于 5min		现场测试
可用性	主站系统设备年可用率不小于 99.9%		查文件资料
计算机资源负载率	CPU 平均负载率（任意 5min 内）不大于 40%；备用空间（根负载率区）不小于 20%（或是 10G）		现场测试
系统节点分布	可接入分布式数据采集的片区数不小于查文件资料 6 片区		查文件资料
Ⅰ、Ⅲ区数据同步	跨越正向物理隔离时的数据传输时延小于 3s 跨越反向物理隔离时的数据传输时延小于 20s		现场测试

项目	评价项目及要求	测试实际状态（值）	查证方法
2. 功能指标			
基本功能指标	1）可接入实时数据容量不小于 200000； 2）可接入终端数不小于 2000； 3）可接入子站数不小于 50； 4）可接入控制量不小于 6000； 5）实时数据变化更新时延不大于 1s； 6）主站遥控输出时延不大于 2s； 7）SOE 等终端事项信息时标精度不大于 10ms； 8）历史数据保存周期不小于 3 年； 9）85%画面调用响应时间不大于 3s； 10）事故推画面响应时间不大于 10s； 11）单次网络拓扑着色时延不大于 2s		查资料、记录，现场测试
扩展功能指标	1）馈线故障处理。系统并发处理馈线故障个数不小于 10 个；单个馈线故障处理耗时（不含系统通信时间）不大于 5s； 2）状态估计。单次状态估计计算时间不大于 15s； 3）潮流计算。单次潮流计算计算时间不大于 10s； 4）负荷转供。单次转供策略分析耗时不大于 5s； 5）负荷预测。负荷预测周期不大于 15min；单次负荷预测耗试时不大于 15min； 6）网络重构。单次网络重构耗时不大于 5s。 7）系统互联。信息交互接口信息吞吐效率不小于 20kB/s；信息交互接口并发连接数不小于 5 个		查资料、记录，现场测试
3. 平台服务系统			
支撑软件	关系数据库软件； 动态信息数据库软件； 中间件		查资料、在主站界面上操作和分析
数据库整理	数据库维护工具； 数据库同步； 多数据集； 离线文件保存； 带时标的实时数据处理； 数据库恢复		查资料、在主站界面上操作和分析
系统建模	图模一体化网络建模工具； 外部系统信息导入建模工具		查资料、在主站界面上操作和分析
多态多应用	具备实时态、研究态、未来态等应用场景，各态下可灵活配置相关应用； 多态之间可相互切换		查资料、在主站界面上操作和分析
多态模型管理	多态模型的切换； 各态模型之间的转换、比较及同步和维护多态模型的分区维护统一管理； 设备异动管理		查资料、在主站界面上操作和分析
权限管理	层次权限管理； 权限绑定； 权限配置		查资料、在主站界面上操作和分析

项目	评价项目及要求	测试实际状态（值）	查证方法
告警服务	语音动作； 告警分流； 告警定义； 画面调用； 告警信息存储、打印		查资料、在主站界面上操作和分析
报表管理	支持实时监测数据及其他应用数据； 报表设置、生成、修改、浏览、打印； 按班、日、月、季、年生成各种类型报表； 定时统计生成报表		查资料、在主站界面上操作和分析
人机界面	界面操作； 图形显示； 交互操作画面； 数据设置、过滤、闭锁； 多屏显示、图形多窗口、无极缩放、漫游、拖拽、分层分级显示； 设备快速查询和定位； 国家标准一、二级字库汉子及矢量汉字		查资料、在主站界面上操作和分析
系统运行状态管理	节点状态监视； 软硬件功能管理； 状态异常报警； 在线、离线诊断工具； 冗余管理、应用管理、网络管理		查资料、在主站界面上操作和分析
Web 发布	含图形的网上发布； 报表浏览； 权限限制		用2台工作站在IE进行测试

4. 配电 SCADA 功能

项目	评价项目及要求	测试实际状态（值）	查证方法
数据采集	满足配电网实时监控需要； 各类数据的采集和交换； 广域分布式数据采集； 大数据量采集； 支持多种通信规约； 支持多种通信方式； 错误检测功能； 通信通道运行工况监视、统计、报警和管理； 符合国家电力监管委员会电力二次系统安全防护规定		查资料、在主站界面上操作和分析
数据处理	模拟量处理； 状态量处理； 非实测数据处理； 多数据源处理； 数据质量码； 统计计算		查资料、在主站界面上操作和分析
数据记录	事件顺序记录（SOE）； 周期采样； 变化存储		查资料、在主站界面上操作和分析
操作与控制	人工置数； 标识牌操作； 闭锁和解锁操作； 远方控制与调节； 防误闭锁		查资料、在主站界面上操作和分析

项目	评价项目及要求	测试实际状态（值）	查证方法
网络拓扑着色	电网运行状态着色； 供电范围及供电路径着色； 动态电源着色； 负荷转供着色； 故障指示着色		查资料、在主站界面上操作和分析
全系历史/事故反演	事故反演的启动和处理； 事故反演； 全息历史反演		查资料、在主站界面上操作和分析
信息分流及分区	责任区设置和管理； 信息分流		用 2 台工作站在 IE 进行测试
系统时钟和对时	北斗或 GPS 时钟对时； 对时安全； 终端对时		查资料、在主站界面上操作和分析
打印	各种信息打印功能		用 3 台工作站在 IE 进行测试
系统开放性	系统可扩展		查资料、在主站界面上操作和分析

5. 配电网高级应用功能

项目	评价项目及要求	测试实际状态（值）	查证方法
馈线故障处理	故障定位、隔离及非故障区域的恢复； 故障处理安全约束； 故障处理控制方式； 主站集中式与就地分布式故障处理的配合； 故障处理信息查询		查资料、在主站界面上操作和分析
网络拓扑分析	适用于任何形式的配电网络接线方式； 电气岛分析； 支持人工设置的运行状态； 支持设备挂牌、投退役、临时跳接等操作对网络拓扑的影响； 支持实时态、研究态、未来态网络模型的拓扑分析； 计算网络模型的生成		查资料、在主站界面上操作和分析
状态估计	计算各类量测的估计值； 配电网不良测量数据的辨识； 人工调整量测的权重系数； 多启动方式； 状态估计分析结果快速获取		查资料、在主站界面上操作和分析
潮流计算	实时态、研究态和未来态电网模型潮流计算； 多种负荷计算模型的潮流计算； 精确潮流计算和潮流估算； 计算结果提示告警； 计算结果比对		查资料、在主站界面上操作和分析
解合环分析	实时态、研究态、未来态电网模型合环分析 合环路径自动搜索； 合环稳态电流值、环路等值阻抗、合环电流时域特性、合环最大冲击电流值计算； 合环操作影响分析； 合环前后潮流比较		查资料、在主站界面上操作和分析
负荷转供	负荷信息统计； 转供策略分析；		查资料、在主站界面上操作和分析

项目	评价项目及要求	测试实际状态（值）	查证方法
负荷转供	转供策略模拟； 转供策略执行		查资料、在主站界面上操作和分析
负荷预测	最优预测策略分析； 支持自动启动和人工启动负荷预测； 多日期类型负荷预测； 分时气象负荷预测； 多预测模式对比分析； 计划检修、负荷转供、限电等特殊情况分析		用 2 台工作站在 IE 进行测试
网络重构	提高供电能力； 降低网损； 动态调控		查资料、在主站界面上操作和分析
系统互联	信息交互遵循 IEC 61968 标准； 支持相关系统间互动化应用		查资料、在主站界面上操作和分析
分布式电源/储能/微网接入	分布式电源/储能设备/微网接入、运行、退出的监视、控制等互动管理功能； 分布式电源/储能装置/微网接入系统情况下的配网安全保护、独立运行、多电源运行机制分析等功能		查资料、在主站界面上操作和分析
配网的自愈	智能预警； 校正控制相关信息融合分析； 配电大面积停电情况下的多级电压协调、快速恢复功能； 大批量负荷紧急转移的多区域配合操作控制		查资料、在主站界面上操作和分析
经济运行	分布式电源接入条件下的经济运行分析； 负荷不确定条件下对配电网电压无功协调优化控制； 在实时量测信息不完备条件下的配电网电压无功协调优化控制； 配电设备利用率综合分析与评价； 配电网广域备用运行控制方法		查资料、在主站界面上操作和分析
6. 终端/子站			
模拟量	遥测综合误差不大于1%； 遥测越限由终端传递到子站/主站： 光纤通信方式小于2s； 载波通信方式小于30s； 无线通信方式小于60s； 遥测越限由子站传递到主站小于5s		查资料、记录，现场验证
状态量	遥信正确率不小于99.9% 站内事件分辨率小于10ms 遥信变位由终端传递到子站/主站： 光纤通信方式小于2s； 载波通信方式小于30s； 无线通信方式小于60s		查资料、记录，现场验证
遥控	遥控正确率100% 遥控命令选择、执行或撤消传输时间不大于10s		查资料、记录，现场验证
设置	设置定值及其他参数； 当地、远方操作设置； 时间设置、远方对时		查资料、记录，现场验证
其他	子站、远方终端平均无故障时间不小于26000h；		查资料、记录，现场验证

项目	评价项目及要求	测试实际状态（值）	查证方法
其他	系统可用率不小于 99.9%； 配电自动化设备的耐压强度、抗电磁干扰、抗振动、防雷等满足 DL/T 721 要求； 户外终端的工作环境温度（−40～70℃）； 室内终端的工作环境温度（−25～65℃）； 户外终端的防护等级 IP65； 室内终端的防护等级 IP32		查资料、记录，现场验证

7. 通信系统

项目	评价项目及要求	测试实际状态（值）	查证方法
传输速率	光纤专网不小于 19200bit/s；其他方式不小于 2400bit/s		查资料、记录，进行现场抽测
误码率	光纤专网优于 1×10^{-9} 其他方式优于 1×10^{-5}		查资料、记录，进行现场抽测
其他	串行口电气特性符合 EIARS232/RS422/RS485 规定； 以太网接口为 10M/100M 自适应，符合 IEEE 802.3 标准； 双工工作方式：平均无故障时间不小于 26000h；环境温度、湿度、耐压强度、抗电磁干扰、抗振动、防雷等满足 GB/T 13729 和 DL/T 721 对配电自动化设备的要求		查资料、记录，进行现场抽测
模拟量	遥测综合误差不大于 1.5%； 遥测合格率不小于 98%		查资料、记录，现场遥测验证
状态量	遥信动作正确率（年）不小于 99%		查资料、记录，现场遥测验证
遥控	遥控正确率（年）不小于 99.99%		查资料、记录验证

8. 配电网监测指标

项目	评价项目及要求	测试实际状态（值）	查证方法
	1）实现自动化 10kV 架空线路（条）数不小于规划阶段的 90%		查资料、在主站界面上操作和分析
	2）实现自动化 10kV 电缆（条）数不小于规划阶段的 90%		
	3）实现自动化柱上开关（台）数不小于规划阶段的 80%		
	4）实现自动化开关站（座）（包括环网柜）数不小于规划阶段的 90%		
	5）实现自动化公用变压器（台）（包括箱变）数不小于规划阶段的 50%		
	6）实现自动化部分配网容量（kVA）不小于规划阶段的 90%		

e）统计分析。

1）验收测试缺陷、偏差汇总，按缺陷、偏差和改进要求 3 类属性进行定性；被验收方应对每一缺陷、偏差明确处理方法及预计解决时间；汇总报告以表格方式说明，包括序号、测试项目、差异描述、差异属性、处理方法及预计解决时间、备注项。

2）测试结果汇总表，包括测试部分说明、测试项数、改进要求数、偏差数、缺陷数、各类偏差数占测试项数的百分比。汇总报告需测试工作小组成员全体签名确认。

附录D 验收流程图

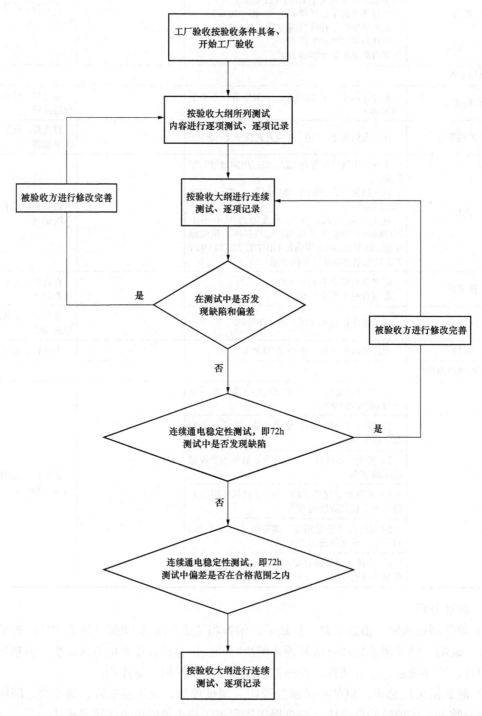

图 D.1　工厂验收流程图

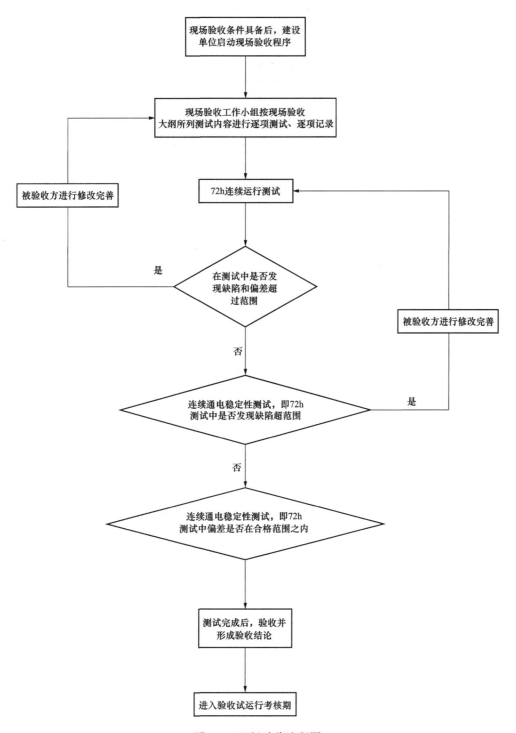

图 D.2　现场验收流程图

附录 E 验收测试记录格式

表 E.1 测 试 记 录 表

项目编号	日期	测试项目	验收责任方签字	偏差改正日期	偏差改正评价

附录 F　偏差、缺陷索引表及偏差、缺陷记录报告

F.1　偏差记录索引表

表 F.1　　　　　　　　　　　偏 差 记 录 索 引 表

偏差编号	日期	偏差提出者	测试项目	偏差责任方签字	偏差改正日期	偏差改正评价

F.2 偏差记录报告

偏差编号：

测试项目：

偏差情况：

有佐证材料否：   佐证材料编号：

偏差提出者：   提出日期：

偏差接受者：   接受日期：

计划改正日期：   实际改正日期

偏差原因：

改正者：

验收方代表（签字）：   日期：

被验收方（签字）：   日期：

测试单位代表（签字）：   日期：

F.3　缺陷记录索引表

表 F.2　　　　　　　　　　缺 陷 记 录 索 引 表

缺陷编号	日期	偏差提出者	缺陷提出者	测试项目	缺陷责任方签字	缺陷改正日期	缺陷改正评价

F.4 缺陷记录报告

缺陷记录报告

缺陷编号：

测试项目：

缺陷情况：

有佐证材料否：   佐证材料编号：

缺陷提出者：   提出日期：

缺陷接受者：   接受日期：

计划改正日期：   实际改正日期：

缺陷原因：

改正者：

验收方代表（签字）：   日期：

被验收方代表（签字）：   日期：

测试单位代表（签字）：   日期：

表 F.3　　　　　低压单根架空绝缘电线在空气温度为 30℃时的长期允许载流量

导体标称截面积（mm²）	铜导体		铝导体		铝合金导体	
	PVC（A）	PE（A）	PVC（A）	PE（A）	PVC（A）	PE（A）
16	102	104	79	81	73	75
25	138	142	107	111	99	102
35	170	175	132	136	122	125
50	209	216	162	168	149	154
70	266	275	207	214	191	198
95	332	344	257	267	238	247
120	384	400	299	311	276	287
150	442	459	342	356	320	329
185	515	536	399	416	369	384
240	615	641	476	497	440	459

低压集束架空绝缘电线的长期允许载流量为同截面同材料单根架空绝缘电线长期允许载流量的 0.7 倍。

表 F.4　　　　　10kV（XLPE）绝缘架空绝缘电线（绝缘厚度 3.4mm）
在空气温度为 30℃时的长期允许载流量

导体标称截面积（mm²）	铜导体（A）	铝导体（A）	铝合金导体（A）	导体标称截面（mm²）	铜导体（A）	铝导体（A）	铝合金导体（A）
25	174	134	124	120	454	352	326
35	211	164	153	150	520	403	374
50	255	198	183	185	600	465	432
70	320	249	225	240	712	553	513
95	393	304	282	300	824	639	608

10kV（XLPE）绝缘薄绝缘架空绝缘电线（绝缘厚度 2.5mm）在空气温度为 30℃时的长期允许载流量参照绝缘厚度 3.4mm、10kV（XLPE）绝缘架空绝缘电线长期允许载流量。

10kV 集束架空绝缘电线的长期允许载流量为同截面同材料单根架空绝缘电线长期允许载流量的 0.7 倍。

当空气温度不是 30℃时，应将表 F.3、表 F.4 中架空绝缘电线的长期允许载流量乘以校正系数 K，其值由下式确定

$$K = \sqrt{\frac{t_1 - t_0}{t_1 - 30}}$$

式中　t_0——实际空气温度，℃；

t_1——电线长期允许工作温度，PE、PVC 绝缘为 70℃，XLPE 绝缘为 90℃。

按上式计算得到的不同空气温度时的校正系数见表 F.5。

表 F.5 　　　　　　　　架空绝缘电线长期允许载流量的温度校正系数

t_0	−40	−35	−30	−25	−20	−15	−10	−5	0	+5	+10	+15	+20	+30	+35	+40	+50
K_1	1.66	1.62	1.58	1.54	1.50	1.46	1.41	1.37	1.32	1.27	1.22	1.17	1.12	1.00	0.94	0.87	0.71
K_2	1.47	1.44	1.41	1.38	1.35	1.32	1.29	1.26	1.22	1.19	1.15	1.12	1.08	1.00	0.96	0.91	0.82

注 1. t_0 为实际空气温度，℃；

2. K_1 为 PE、PVC 绝缘的架空绝缘电线载流量的温度校正系数；

3. K_2 为 XLPE 绝缘的架空绝缘电线载流量的温度校正系数。

表 F.6 　　　　　　　　架空绝缘线不剥皮耐张线夹型号

名　　称	规格、型号　适用导线（mm²）	单位	功　　能
10kV 楔型耐张线夹	$J_{10}NL$-70	套	紧固
	$J_{10}NL$-120	套	
	$J_{10}NL$-185	套	
10kV 接地线夹	$J_{10}DL$-70	套	接地
	$J_{10}DL$-120	套	
	$J_{10}DL$-185	套	
1kV 及以下耐张线夹	JNL-50-70	套	紧固
	JNL-95-120	套	
	JNL-125-185	套	
10kV 及以下悬垂线夹	JN_4L-50-120	套	悬垂
	JXL-50-240	套	
	JX_4L-50-120	套	
绝缘自粘带	2228#、33+（3M 生产）	盘	
半导电自粘带	上海金河	盘	

注 1. J_{10}—额定电压 10kV 的架空绝缘电线；N—单芯耐张线夹；L—铝导线；D—高压接地。

2. J—位于第一个字母时，表示额定电压 1kV 及以下的架空绝缘电线；位于第二个字母时，表示接续线夹。

3. N_4—四芯耐张线夹；X—单芯悬挂线夹；X_4—四芯悬挂线夹；P—普通型。

表 F.7 　　　　　　　　绝缘穿刺线夹性能表

应用（1）主线与主线连接

导线（mm²）		名　称	型　号	螺　栓	标称截流（A）	质量（g/只）
25-95	25-95	KZ3-95	708038-1	1	377	170
50-150	50-150	KZ4-150	708074-1	1	447	200
70-185	70-185	KZ4-185d	717310-2	2	575	400

应用（2）用户线连接

导线（mm²）		名　称	型　号	螺　栓	标称截流（A）	质量（g/只）
16-95	4-35（50）	KZ2-95NV	1-229731-1	1	200	

续表

导线（mm²）		名　称	型　号	螺栓	标称截流（A）	质量（g/只）
50-150	6-35	KZ2-150NV	718292-1	1	200	
70-185	6-35	KZ2-185	708034-4	1	200	

表 F.8　　　　　　　　　　　裸线/绝缘线穿刺线夹

线径（mm²）		名　称	型　号	螺　栓	质量（g/只）
裸线	集束导线				
10～120	16～25	RDP　25/CN	709130-1	1	135
10～120	26～96	CDR/CN-IS95UK	708052-3	2	265

表 F.9　　　　　　　　　　　绝缘对接管（全张力）

导线（mm²）	名　称	型　号	色　标	质量（g/只）
4×70	MJPT　70AIus	709185-6	白	45
4×120	MJPT　120AIus	229528-1	粉红	70

表 F.10　　　常用普通环形钢筋混凝土（非预应力）整根锥形电杆标准检验弯矩表

杆长（m） 标准荷载（kN·m）	梢径（mm）					
	φ150		φ190		φ230	
	D 类	G 类	G 类	H 类	I 类	M 类
8	11.29	16.12				
10	14.09	20.12	20.12		25.15	
12				26.18	29.25	58.50
15			30.16		36.75	

注　1. 标准检验弯矩即支撑点断面处弯矩，等于标准荷载乘以荷重点高度。

　　2. 破坏弯矩为标准弯矩的两倍。

　　3. 电杆标志［制造厂厂名或商标、整根锥形电杆标准检验弯矩（标准荷载代号）和制造年月］标记在电杆表面，
　　　　其位置：梢径大于或等于 190mm 的电杆，距根端以上 3.5m 处；梢径小于 190mm 的电杆，距根端 3.0m 处。

　　4. 以上数值摘自国家标准 GB 396—1994《环形钢筋混凝土电杆》。

表 F.11　　　　　　10kV 架空配电线路铝芯交联聚乙烯薄型绝缘线弧垂表

JKLYJ/Q-70　　　[δ]=49N/mm²　　K=3

档距（m） 温度（℃） 弧垂（m）	−20	−10	0	10	20	30	40
30	0.092	0.122	0.170	0.242	0.327	0.409	0.484
40	0.164	0.213	0.284	0.378	0.482	0.582	0.676
50	0.257	0.326	0.420	0.534	0.655	0.771	0.881
60	0.307	0.461	0.576	0.708	0.844	0.976	1.101
70	0.503	0.616	0.752	0.900	1.050	1.197	1.336
80	0.708	0.851	1.010	1.175	1.338	1.494	1.644
90	0.971	1.141	1.318	1.496	1.668	1.833	1.991
100	1.287	1.477	1.668	1.855	2.035	2.208	2.373

表 F.12　　　　10kV 架空配电线路铝芯交联聚乙烯薄型绝缘线弧垂表

JKLYJ/Q-120　　[б]=49N/mm² 　 K=3

温度（℃） 档距（m）　　弧垂（m）	−20	−10	0	10	20	30	40
30	0.084	0.111	0.157	0.229	0.316	0.401	0.478
40	0.149	0.195	0.264	0.359	0.466	0.569	0.665
50	0.233	0.299	0.392	0.507	0.631	0.752	0.865
60	0.336	0.423	0.538	0.672	0.813	0.949	1.077
70	0.457	0.567	0.702	0.854	1.009	1.160	1.303
80	0.597	0.728	0.883	1.051	1.221	1.385	1.542
90	0.756	0.908	1.081	1.264	1.447	1.625	1.795
100	0.933	1.105	1.295	1.492	1.688	1.878	2.061

表 F.13　　　　10kV 架空配电线路铝芯交联聚乙烯薄型绝缘线弧垂表

JKLYJ/Q-185　　[б]=49N/mm² 　 K=3

温度（℃） 档距（m）　　弧垂（m）	−20	−10	0	10	20	30	40
30	0.080	0.106	0.150	0.222	0.311	0.397	0.475
40	0.141	0.185	0.253	0.348	0.457	0.562	0.659
50	0.221	0.285	0.376	0.492	0.619	0.741	0.856
60	0.318	0.403	0.517	0.653	0.796	0.934	1.065
70	0.433	0.540	0.675	0.829	0.987	1.141	1.286
80	0.566	0.695	0.849	1.020	1.193	1.360	1.520
90	0.716	0.866	1.040	1.225	1.412	1.594	1.767
100	0.884	1.055	1.246	1.446	1.646	1.840	2.026

注　1．JK—架空系列；L—铝导体；YJ—交联聚乙烯绝缘；Q—轻型薄绝缘结构。

2．以上架空配电线路绝缘导线弧垂计算气象条件为：最高气温时，气温 40℃，风速 0m/s；最低气温时，气温 −20℃，风速 0m/s；最大风时，气温−5℃，风速 25m/s，不考虑覆冰，绝缘导线风载体形系数取 0.8～0.9。

3．导线弧垂计算中，导线技术数值摘自国家标准 GB 14049—1993《额定电压 10kV、35kV 架空绝缘电缆》、水电部标准 SDJ 206—1987《架空配电线路设计技术规程》等。

表 F.14　　　　10kV 架空配电线路铝芯交联聚乙烯普通型绝缘线弧垂表

JKLYJ/Q-70　　[б]=49N/mm² 　 K=3

温度（℃） 档距（m）　　弧垂（m）	−20	−10	0	10	20	30	40
30	0.114	0.148	0.200	0.272	0.351	0.428	0.500
40	0.202	0.257	0.333	0.424	0.521	0.615	0.703
50	0.316	0.393	0.489	0.599	0.711	0.820	0.923
60	0.455	0.554	0.670	0.795	0.922	1.045	1.162

续表

温度（℃） 档距（m） 弧垂（m）	−20	−10	0	10	20	30	40
70	0.633	0.754	0.889	1.030	1.169	1.304	1.433
80	0.893	1.039	1.192	1.346	1.495	1.639	1.777
90	1.209	1.375	1.541	1.704	1.862	2.014	2.159
100	1.580	1.759	1.934	2.104	2.269	2.427	2.579

表 F.15　　10kV 架空配电线路铝芯交联聚乙烯普通型绝缘线弧垂表

JKLYJ/Q-120　　$[\sigma]$=49N/mm² 　K=3

温度（℃） 档距（m） 弧垂（m）	−20	−10	0	10	20	30	40
30	0.100	0.131	0.181	0.253	0.336	0.416	0.490
40	0.178	0.229	0.302	0.395	0.496	0.594	0.685
50	0.277	0.350	0.445	0.557	0.675	0.780	0.896
60	0.400	0.494	0.610	0.739	0.872	1.000	1.122
70	0.544	0.660	0.795	0.940	1.087	1.229	1.365
80	0.710	0.847	1.000	1.160	1.319	1.474	1.623
90	0.899	1.055	1.224	1.398	1.570	1.737	1.897
100	1.121	1.296	1.480	1.666	1.850	2.028	2.199

表 F.16　　10kV 架空配电线路铝芯交联聚乙烯普通型绝缘线弧垂表

JKLYJ/Q-185　　$[\sigma]$=49N/mm² 　K=3

温度（℃） 档距（m） 弧垂（m）	−20	−10	0	10	20	30	40
30	0.092	0.121	0.169	0.241	0.326	0.408	0.484
40	0.163	0.211	0.282	0.377	0.480	0.581	0.675
50	0.254	0.324	0.418	0.532	0.652	0.770	0.880
60	0.366	0.457	0.573	0.705	0.841	0.974	1.099
70	0.499	0.611	0.747	0.896	1.047	1.193	1.333
80	0.651	0.758	0.939	1.103	1.268	1.428	1.581
90	0.824	0.979	1.150	1.328	1.506	1.678	1.843
100	1.018	1.191	1.378	1.570	1.760	1.944	2.121

注　1. JK—架空系列；L—铝导体；YJ—交联聚乙烯绝缘；Q—轻型薄绝缘结构。

　　2. 以上架空配电线路绝缘导线弧垂计算气象条件为：最高气温时，气温 40℃，风速 0m/s；最低气温时，气温
　　　−20℃，风速 0m/s；最大风时，气温−5℃，风速 25m/s，不考虑覆冰，绝缘导线风载体形系数取 0.8～0.9。

　　3. 导线弧垂计算中，导线技术数值摘自国家标准 GB 14049—1993《额定电压 10kV、35kV 架空绝缘电缆》、水
　　　电部标准 SDJ 206—1987《架空配电线路设计技术规程》等。

表 F.17　　　　拉线、拉线棒、拉线盘配置表

钢绞线型号	股数及股线直径(mm)	计算截面积(mm²)	最大允许拉力(kN)	拉线棒规格(直径×长, mm×mm)	有效直径(mm)	有效截面积(mm²)	最大允许拉力(kN)	拉线与水平地面夹角(°)	大块碎石	粗砂	中砂	细砂	坚硬黏土	硬塑黏土	拉线盘有效埋深(m)
GJ-35	7×2.6	37.15	21.84	16×2000	14	154	24.14	45	500×300		600×400	800×600	500×300	800×600	1.3
								60		500×300	600×400		600×400	800×600	
GJ-50	19×1.8	48.32	28.41	18×2500	16	201	31.52	45		600×400	600×400	800×600	600×400	800×600	1.6
								60			600×400		600×400	800×600	
GJ-70	19×2.2	72.19	42.44	22×3300	20	314	49.26	45			800×600	800×600	600×400	800×600	2.1
								60			800×600		600×400	800×600	
GJ-100	19×2.5	93.22	54.81	24×3300	22	380	59.58	45			800×600	800×600	600×400	800×600	2.1
								60			800×600		600×400	800×600	

注　1. 本表拉线强度安全系数、基础稳定安全系数均大于 2。

　　2. 遇有粉砂、可塑黏性、软塑黏性土壤，选用拉线盘应另外进行稳定计算。